PETITE GÉOGRAPHIE DE L'AFRIQUE EN GÉNÉRAL ET DES POSSESSIONS FRANÇAISES DE LA COTE ORIENTALE EN PARTICULIER

ILE DE LA RÉUNION

MADAGASCAR

Ste-MARIE DE MADAGASCAR, MAYOTTE, NOSSI-BÉ, OBOCK, etc.

CONTENANT 7 CARTES

A L'USAGE DES ÉCOLES

Par C. MATHIEU

OFFICIER D'ACADÉMIE, ANCIEN DIRECTEUR DU COLLÈGE DE LONGWY,
PROFESSEUR DE L'ENSEIGNEMENT SECONDAIRE A SAINT-LOUIS (SÉNÉGAL).

> La connaissance de la Géographie donne le goût des voyages, et les voyages poussent vers le commerce international; les peuples se rencontrant sur le terrain de la lutte pacifique du commerce apprennent à se connaître et à s'estimer mutuellement. (BAINIER.)

PARIS
CHALLAMEL AÎNÉ, ÉDITEUR, LIBRAIRIE COLONIALE
5, rue Jacob, et rue Furstenberg, 2

1884

PETITE

GÉOGRAPHIE DE L'AFRIQUE

ILE DE LA RÉUNION

DU MÊME AUTEUR

Petite Géographie de l'Afrique en général et de la Sénégambie en particulier, contenant 7 cartes et plans................ **2** fr.

Carte de la Colonie du Sénégal (1 feuille grand-monde en chromolithographie imprimée en 10 couleurs).............. **8** fr.

(Ces 2 ouvrages publiés avec l'approbation de la Société de Géographie de Paris, ont été honorés d'une souscription de M. le Ministre de la Marine et des Colonies.)

Pour paraître prochainement :

GUIDE ILLUSTRÉ

DU

VOYAGEUR AU SÉNÉGAL

PETITE

GÉOGRAPHIE DE L'AFRIQUE

EN GÉNÉRAL

ET DES POSSESSIONS FRANÇAISES

DE LA COTE ORIENTALE

EN PARTICULIER

ILE DE LA RÉUNION

MADAGASCAR

Ste-MARIE DE MADAGASCAR, MAYOTTE, NOSSI-BÉ, OBOCK, etc.

CONTENANT 7 CARTES

A L'USAGE DES ÉCOLES

Par C. MATHIEU

OFFICIER D'ACADÉMIE, ANCIEN DIRECTEUR DU COLLÈGE DE LONGWY,
PROFESSEUR DE L'ENSEIGNEMENT SECONDAIRE A SAINT-LOUIS (SÉNÉGAL).

La connaissance de la Géographie donne le goût des voyages, et les voyages poussent vers le commerce international; les peuples se rencontrant sur le terrain de la lutte pacifique du commerce apprennent à se connaître et à s'estimer mutuellement. (BAINIER.)

PARIS
CHALLAMEL AÎNÉ, ÉDITEUR, LIBRAIRIE COLONIALE
5, rue Jacob, et rue Furstenberg, 2

1884

PRÉFACE

Introduire dans nos Colonies d'Afrique un nouvel instrument d'instruction et de progrès a été mon but en faisant ce petit traité de Géographie.

Aucun ouvrage de ce genre n'existant encore dans toutes nos écoles coloniales, il m'a paru nécessaire, pour rendre cette étude intéressante, facile et pratique pour tous, de jeter d'abord un coup d'œil rapide sur l'Univers, de faire une courte description physique, politique et commerciale de chaque partie du continent Africain, d'étudier brièvement les îles orientales de cette partie du Monde (Madagascar, Mayotte, Nossi-Bé, Nossi-Mitsiou, etc.) que nous possédons entièrement ou en partie, avant d'aborder notre sujet principal, l'île de la Réunion, que les enfants de cette charmante Colonie doivent de bonne heure apprendre à connaître à fond.

C'est pourquoi j'ai divisé ce traité en quatre parties distinctes :

La PREMIÈRE PARTIE donnant aux élèves les notions indispensables à l'étude de la Géographie ;

La DEUXIÈME traitant de l'Afrique en général au triple point de vue physique, politique et commercial ;

La TROISIÈME faisant connaître les possessions françaises de l'Océan Indien ;

Enfin, la QUATRIÈME qui s'occupe tout particulièrement de l'île de la RÉUNION.

PREMIÈRE PARTIE

Notions générales.

La **Géographie** a pour objet la description de la **Terre.** Mais la Terre n'est qu'une infiniment petite partie de l'**Univers**; on dirait une grosse boule ou sphère de 40.000 k.m. de circonférence; c'est pourquoi on l'appelle aussi *globe terrestre.*

L'*Univers* dans son ensemble comprend la *Terre* et tous les astres innombrables que nous voyons briller dans le ciel, en un mot il comprend toute la création.

Cependant il ne faudrait pas croire que l'Univers a pour bornes cette voûte bleue, appelée voûte céleste, que nous apercevons ou plutôt que nous croyons apercevoir. Cette limite est produite par une illusion de la vue, et n'existe pas en réalité.

On appelle *horizon* le cercle suivant lequel la voûte céleste paraît rencontrer la terre.

Points cardinaux.

Pour indiquer la position des différents lieux sur le globe terrestre, les uns par rapport aux autres, on a imaginé les *points cardinaux* et les *grands cercles.*

Les points cardinaux sont : le *levant,* le *couchant,* le *Nord* et le *Sud.*

Le *levant* est le point vers lequel le soleil semble se lever : on l'appelle aussi *Est* ou *Orient.*

Le *couchant* est opposé au levant, c'est le point où le soleil semble se coucher ; on l'appelle aussi *Ouest* ou *Occident.*

Le *Nord* ou *Septentrion* est le point qui se trouve devant soi quand on a le levant à sa droite et le couchant à sa gauche.

Le *Sud* ou *Midi* est le point opposé au Nord.

Il existe entre ces points cardinaux des directions intermédiaires :

Entre le Nord et l'Est, le *Nord-Est* que l'on écrit N.-E.

Entre le Nord et l'Ouest se trouve le *N.-O.* (Nord-Ouest).

Entre le Sud et l'Ouest le *S.-O.* (Sud-Ouest).

Entre le Sud et l'Est le *S.-E.* (Sud-Est).

De même qu'entre chacune de ces directions il y a encore d'autres points intermédiaires qu'on appelle *Nord-Nord-Est* N.-N.-E, *Sud-Sud-Est* S.-S.-E., *Nord-Nord-Ouest* N.-N.-O., *Sud-Sud-Ouest* S.-S.-O., etc.

La configuration de ces signes se nomme *rose des vents.*

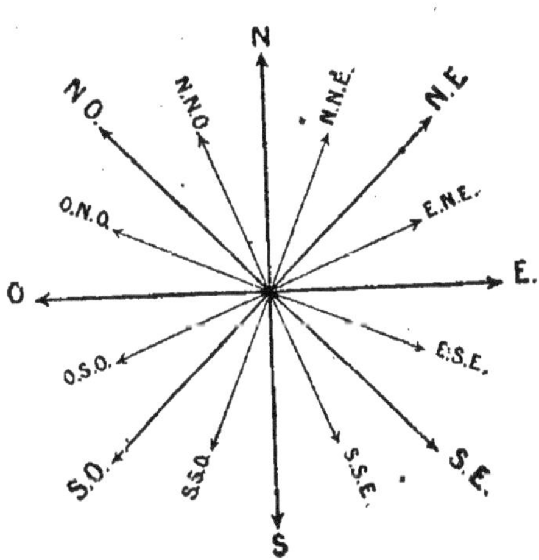

Mouvements de la Terre.

La *Terre* tourne sur elle-même, autour d'une ligne droite imaginaire qui passe par son centre et qu'on appelle *axe de rotation.*

Les deux points où l'axe rencontre la surface de la Terre portent le nom de *pôles :* l'un est appelé *pôle Nord ou arctique,* et l'autre *pôle Sud ou antarctique.*

Le temps que la terre emploie à tourner complètement sur elle-même forme *un jour*, que l'on a divisé en 24 *heures.*

La Terre subit un second mouvement de rotation ; elle tourne encore autour du *Soleil,* et pour faire ce grand tour elle emploie 365 jours et 6 heures, c'est ce qui constitue l'*année* que l'on a divisée en 12 mois, qui à leur tour se sont subdivisés en jours.

Grands cercles.

Pour faciliter l'étude de la Terre ou plutôt celle des rapports de ses différents points entre eux, on a imaginé un grand cercle nommé *Equateur* ou *ligne équatoriale,* ou encore *ligne équinoxiale ;* il fait le tour de la Terre à égale distance des deux pôles. Il divise ainsi le globe en deux parties égales que l'on appelle *hémisphères.* L'un prend le nom d'*hémisphère septentrional* ou *boréal* et comprend le pôle arctique ; l'autre, *hémisphère méridional* ou *austral,* qui comprend le pôle antarctique

A égale distance entre l'équateur et les pôles l'on a aussi tracé deux autres *cercles parallèles* à l'équateur qui portent le nom de *Tropiques*. Dans l'hémisphère boréal c'est le *Tropique du Cancer*, dans l'autre le *Tropique du Capricorne*.

Cercles polaires.

Deux nouveaux cercles parallèles aux premiers sont de même tracés entre les pôles et les tropiques et à égale distance l'un de l'autre, ils sont appelés *Cercles polaires :* celui de l'hémisphère boréal se nomme *Cercle polaire du Nord* ou *Cercle polaire arctique*, celui de l'hémisphère austral *Cercle polaire du Sud* ou *Cercle polaire antarctique*.

Zones.

L'espace contenu entre ces différents cercles prend le nom de *Zones*. Entre les deux Tropiques c'est la *Zone torride ;* la chaleur y est plus grande que partout ailleurs ; elle représente environ les quatre dixièmes de la surface de la Terre. La *Zone tempérée* occupe la surface comprise entre les Tropiques et les Cercles polaires. Il y a donc *deux Zones tempérées*.

De même aussi nous avons deux *Zones glaciales* qui comprennent la surface comprise entre les Cercles polaires et les pôles.

Parallèles, Méridiens.

On appelle *Parallèle* tout cercle parallèle à l'équateur, et *Méridien* tout grand cercle qui, passant par les pôles, coupe l'équateur perpendiculairement et partage le globe en deux hémisphères : l'*hémisphère Oriental* et l'*hémisphère Occidental.*

Tous les points du globe situés sur le même méridien ont midi en même temps.

Les parallèles et les méridiens servent à déterminer la *latitude* et la *longitude* d'un lieu. Comme toutes les circonférences, ils sont divisés en *degrés*, *minutes* et *secondes.* (360 degrés ; un degré vaut 60 minutes, et une minute vaut 60 secondes.)

Latitude et Longitude.

La *Latitude* d'un lieu est sa distance de l'équateur mesurée sur le méridien de ce lieu, et égale à l'arc de ce méridien compris entre le lieu en question et l'équateur. Tous les points correspondants à un même parallèle ont une même latitude. Sur les cartes, les degrés de latitude sont toujours tracés de gauche à droite.

La *Longitude* d'un lieu est l'angle que fait le méridien de ce lieu avec un méridien de convention qu'on nomme premier méridien. Ordinairement c'est sur l'équateur que l'on compte les degrés de longitude, ils sont tracés de haut en bas et marqués des deux côtés.

D'après cela, il est facile de comprendre que les données de latitude et de longitude d'un lieu suffisent pour déterminer ce lieu. Cependant il faut avoir soin d'indiquer si la latitude est boréale ou australe, selon l'hémisphère contenant le lieu en question. On dit alors latitude N. ou latitude S.

Astres utiles à connaître.

Avant d'aller plus loin, passons en revue quelques-uns de ces astres innombrables que l'*Univers* renferme. Parmi eux celui qui frappe d'abord nos regards est le *Soleil.* Les autres plus petits nommés planètes, comme la *Terre,* tournent sans cesse autour de cet astre, et reçoivent de lui la chaleur et la lumière.

La planète la plus voisine est *Mercure,* à 64.400.000 k.m. du soleil ; viennent ensuite *Vénus,* puis la *Terre* à 138.000.000 k.m., *Mars, Jupiter, Saturne, Uranus* et *Neptune* qui est la plus éloignée, 5.000.000.000 k.m.

Il existe entre *Mars* et *Jupiter* des planètes télescopiques, telles que *Flore, Vesta, Iris, Métis, Astrée, Junon, Cérès, Pallas,* qui sont à environ 364.000.000 k.m. du Soleil.

Autour de quelques planètes circulent des petits globes appelés *Satellites.* La *Terre* a pour satellite la *Lune* qui se trouve d'elle à environ 385.000 k.m.

A une distance presque infinie de la *Terre,* il existe d'autres astres, en très grand nombre, fixes, lumineux, qu'on nomme *étoiles.* Ce sont autant de *soleils* qui peuplent l'espace.

Nous considérons le *Soleil* comme centre du monde ; c'est pourquoi nous appelons *système solaire* ou *planétaire* l'ensemble des *astres* et des *planètes.* Ce système paraît être porté dans l'espace, autour d'un centre commun, par un mouvement général presqu'insensible, dans un ordre tel que l'on est obligé, quand même on ne le voudrait pas, de croire à l'existence d'un être supérieur et tout-puissant, présidant à cette parfaite harmonie.

Globes et Cartes géographiques.

Il est facile de représenter très exactement la terre sur un *globe* et de rendre la position exacte des lieux, mais il n'en est pas de même lorsqu'il s'agit de les reproduire sur une carte plate. On ne peut y arriver que par approximation. Pour cela on coupe la sphère en deux parties égales et l'on dresse la *Mappemonde* ou *Planisphère*. Cette carte représente deux cercles contenant chacun un hémisphère.

On place ordinairement à côté de chaque carte une petite mesure nommée *échelle*, au moyen de laquelle on peut évaluer la distance de deux lieux, soit en kilomètres, soit en myriamètres, soit en lieues.

Les lieues communes de France sont de 25 au degré. L'échelle n'est donc pas toujours nécessaire, puisqu'il est bien entendu que la longueur d'un degré pris sur l'équateur est de 25 lieues, c'est-à-dire $\frac{40\,000 \text{ K. m.}}{360}$ ou 111 k.m. 111 m.

Définitions.

La surface de la Terre est divisée en *terres* et en *eaux*.

Continent. — Les terres occupent un moins grand espace que les eaux sur cette surface; on les a divisées en trois grandes parties principales qu'on appelle *continents* :

L'*Ancien continent* qui comprend l'EUROPE, l'ASIE et l'AFRIQUE ;

Le second, appelé *Nouveau continent*, comprend l'AMÉRIQUE ;

Et enfin le *Continent austral*, beaucoup moins considérable que les deux autres, qui comprend l'AUSTRALIE.

Remarque. — D'après cela, on conçoit facilement qu'un continent est un grand espace de terre entouré d'eau.

C'est dans une partie de l'Ancien Continent, en *Europe*, que se trouve, habitée par une nation généreuse et hospitalière, cette contrée si belle, si riche et si productive qu'on appelle la **France.**

La suprématie qu'elle a sur toutes les autres puissances est due à sa position, à son climat, aux productions de son sol et au développement de son industrie autant qu'à la force de ses armes sur terre ou sur mer.

Elle trouve sur son territoire :

1° Tous les produits agricoles des zones tempérées : céréales, vignes, fruits, légumes, plantes textiles, bois et forêts de toutes sortes.

2° Un grand nombre d'animaux domestiques, tels que : chevaux, ânes, mulets, moutons, chèvres, porcs, lapins, poules, dindes, canards, oies, pigeons, etc...

3° Des abeilles et des vers à soie.

4° Des animaux sauvages tels que: le loup, le sanglier, le renard, le chevreuil, le cerf, le blaireau, le hérisson, le lièvre, le faisan, la perdrix, la sarcelle, la bécasse, etc., etc.

5° Des huîtres, des moules et des poissons en abondance.

6° Des carrières de marbres, pierres calcaires, pierres lithographiques, ardoises, grés, plâtre, bitume, sel gemme, sel marin.

7° Des mines de fer, de plomb, de cuivre, de zinc, de manganèse, de houille, etc...

8° De nombreuses sources d'eaux minérales et thermales.

Sous le rapport de l'Industrie, la **France**, dont la population est de 37 millions d'habitants, occupe encore un des premiers rangs. C'est elle qui donne à ses produits le plus de goût, de grâce et d'élégance.

Quant à son commerce, il roule sur une somme annuelle d'environ 9 milliards à l'extérieur ; le commerce intérieur étant beaucoup plus considérable.

La *Capitale* de la **France** est **Paris**, ville si connue des peuples civilisés, si renommée : par la magnificence de ses monuments, bibliothèques, musées, statues ; par les charmes de ses jolies promenades et jardins publics qu'on appelle boulevards et squares ; par la splendeur luxueuse de ses magasins, de ses théâtres, de ses concerts, etc.

Paris, le rendez-vous des belles sociétés, la ville des douceurs et des plaisirs, qui nous est enviée par le monde entier, est à chaque instant visitée par les différents chefs de toutes les puissances européennes et autres.

Les ports en communication plus ou moins fréquente avec la colonie de la Réunion sont :

Dans la Méditerranée : *Toulon*, *Marseille*, *Cette*.

Dans l'Océan Atlantique : *Bordeaux*, *Rochefort*, *Nantes*, *Lorient*, *Brest*, *Cherbourg*, *Le Hâvre* et *Dunkerque*.

Iles et îlots. — Il y a cependant d'autres espaces de terre bien moins grands entourés d'eau de tous côtés, mais ceux-ci ne portent pas le nom de continent ; on les appelle *îles* ou *îlots*, selon la surface de cet espace : L'*île de Zanzibar*.

Archipel ou groupe. — Si les îles sont rapprochées les unes des autres, elles composent des *groupes* ou *archipels* : L'*archipel de Bissagos*.

Contrée, Région, Pays. — On entend par *contrée*, *région* ou *pays* une vaste étendue de terre soumise au même gouvernement.

Péninsules ou Presqu'îles. — Des portions de terre entourées d'eau presque de tous côtés s'appellent *péninsules* ou *presqu'îles* : La *presqu'île du Cap-Vert*.

Océan. — La vaste étendue d'eau qui couvre environ les deux tiers de la surface du globe porte le nom d'*Océan*.

Mer. — On désigne sous ce nom une partie de l'Océan qui pénètre dans l'intérieur des terres : la *mer Méditerranée*, au Nord de l'Afrique.

Golfe ou baie. — Un *golfe* ou une *baie* est une portion de mer qui s'avance dans les terres : Le *golfe de Guinée*.

Anses. — Les *anses* sont moins grandes que des golfes : L'*anse du sac* près de Sainte-Rose.

Rades, Ports, Hâvres. — On désigne sous ces différents noms des golfes encore plus petits que les anses. Ils servent ordinairement d'asile aux vaisseaux : La *rade de Saint-Denis*, le *port de Saint-Pierre*.

Détroits. — Un *détroit* est une portion de mer resserrée entre deux parties de terre : Le *détroit de Gibraltar*, entre l'Europe et l'Afrique.

Canaux. — On appelle ainsi certains détroits : Le *canal de Mozambique*.

Lacs. — Un *lac* est un amas d'eau situé dans les terres : Le *lac de Nyassa* en Afrique. Lorsqu'ils ont une certaine étendue, ils portent aussi le nom de mer : La *mer Caspienne* en Europe.

Marais. — Les *marais* sont des lacs peu profonds.

Lagunes. — On donne ce nom aux lacs placés près des côtes et communiquant avec la mer.

Ecueils, Récifs ou Brisants. — Les rochers, dans la mer, dangereux pour les navigateurs, portent ces noms d'*écueils*, *récifs* ou *brisants*.

Marées, Flux, Reflux. — Lorsque, par l'attraction de la *lune* et du *soleil*, les eaux de la mer s'élèvent et s'abaissent, on désigne ce phénomène sous la dénomination de *marées*. Elles ont lieu deux fois par jour. La *marée montante* s'appelle *flux* et la *marée descendante*, *reflux*.

Mousson. — Les *moussons* sont des vents périodiques qui règnent principalement dans les mers situées entre la côte orientale d'Afrique et l'Australie. Ils soufflent pendant six mois de l'année dans un sens et pendant les six autres mois dans l'autre. Ils sont dus à l'inégal échauffement des terres et des mers par le soleil aux différentes époques de l'année.

Fleuves. — Les *fleuves* sont de grands cours d'eau qui se jettent dans la mer : Le *Niger*.

Rivières. — Les *rivières* sont des cours d'eau qui se jettent dans un fleuve ou dans une autre rivière : La *Falèmé* en Sénégambie. Cependant il y a des cours d'eau qui se jettent dans la mer et qui ne sont pas assez considérables pour être appelés fleuves; aussi, les nomme-t-on rivières : La *rivière de Saint-Denis*.

Marigots. — On nomme ainsi certains affluents des fleuves qui sont comme des canaux naturels, sans pente sensible. Le courant des marigots se dirige tantôt vers le fleuve, tantôt dans le sens opposé, suivant que la saison fait grossir ou diminuer le volume dos eaux. (On trouve au Sénégal des marigots de plus de cent mètres de largeur.)

Ruisseau. — Un *ruisseau* est une petite rivière.

Ravine. — Une *ravine* est un petit cours d'eau pluviale qui se précipite d'un lieu élevé. C'est aussi le lit creusé par le cours d'eau.

Torrents. — Les *torrents* sont des cours d'eau rapides et momentanés auxquels donne naissance une chute abondante de pluie.

Source. — Une *source* est le lieu où commence un cours d'eau.

Confluent. — On appelle *confluent* l'endroit où deux cours d'eau se rencontrent.

Embouchure d'un fleuve. — L'endroit où ce fleuve se jette dans la mer.

Affluents. — Les *affluents* d'un cours d'eau sont les divers cours d'eau qu'il reçoit.

Rives. — Un cours d'eau a deux *rives :* la *rive gauche* et la *rive droite.* Etant placé dans un bateau sur un cours d'eau, pour déterminer les deux rives, il suffit de regarder du côté où descend l'eau, c'est-à-dire vers son embouchure, et l'on a ainsi la *rive droite* à sa droite et la *rive gauche* à sa gauche.

Lit. — Le *lit* d'un cours d'eau est le sol sur lequel il coule, maintenu par les rives.

Bassin d'un fleuve. — Le *bassin d'un fleuve* comprend tout le territoire dont les eaux viennent se rendre dans ce fleuve.

Oasis. — Ce mot s'emploie pour exprimer tout endroit arrosé et cultivé au milieu d'un désert aride.

Montagnes. — Une *montagne* est une grande élévation de terre.

Collines, Monticules. — Ce sont de petites montagnes.

Mornes. — On désigne par *mornes* de petites montagnes rondes, isolées, élevées sur une pointe de terre ou le long d'une côte.

A la Réunion, morne est synonyme de montagne.

Chaîne de montagnes. — C'est une suite de montagnes.

Plateaux. — On appelle *plateaux* les plaines plus ou moins vastes qui se trouvent au sommet des montagnes.

Pic. — On entend par *pic* une montagne élevée, isolée et d'un accès difficile. Un pic a généralement la forme d'un pain de sucre.

Piton est la pointe élevée d'une montagne. —

En général, il est inaccessible et entouré de précipices.

Coteaux. — Les pentes douces des collines sont ainsi nommées.

Volcans. — Un *volcan* est une montagne qui vomit des *pierres calcinées* et des matières fondues appelées *laves*.

Cratère. — Le *cratère* est l'ouverture par laquelle le volcan lance ces matières.

Vallées et Vallons. — Ce sont des espaces plus ou moins allongés qui s'étendent entre deux montagnes ou entre deux chaînes de montagnes.

Cavernes ou Grottes. — Profondeurs qui se trouvent ordinairement dans les rochers des montagnes.

Caps. — Un *cap* est une portion de terre qui s'avance dans la mer. Le cap Bernard, près de Saint-Denis.

Isthmes. — On donne ce nom à un espace de terre resserrée entre deux mers. L'isthme de Suez d'autrefois en Afrique.

DEUXIÈME PARTIE

Géographie générale de l'Afrique.

GÉOGRAPHIE PHYSIQUE

Mers. — Les mers qui baignent l'Afrique sont : au N. la *mer Méditerranée,* à l'O. l'*Océan Atlantique*, au S.-E. et à l'E. se trouve l'*Océan Indien*, qui forme la *mer Rouge*.

Golfes. — Les principaux golfes sur les côtes baignées par la Méditerranée sont :

Les golfes de *Sidre*, de *Gabès*, de *Hammamet* et de *Tunis*, les baies de *Byzerte*, de *Bone,* de *Stora*, de *Bougie*, d'*Arzeu* et d'*Oran.*

Dans l'Océan Atlantique : la *baie d'Yof*; le *golfe de Guinée*, qui comprend ceux de *Bénin* et de *Biafra* ; la baie *Sainte-Hélène.*

Dans l'Océan Indien : les baies de *Algoa*, de *Delagoa* ou *Lorenzo-Marquez*, de *Sofala*, et le golfe d'*Aden* situé entre l'Océan Indien et la mer Rouge.

Détroits. — Les détroits sont au nombre de quatre :

Le *détroit de Gibraltar* qui sépare l'Afrique de l'Espagne ; le détroit de *Bab-el-Mandeb* qui la sépare de l'Asie ainsi que le *canal de Suez ;*

le *canal de Mozambique* entre la côte orientale et Madagascar.

Caps. — La côte septentrionale baignée par la Méditerranée comprend de l'Ouest à l'Est :

Les caps *Spartel, Tres Forcas, Matifou, Bon, Capoudiah* et *Razat.*

Sur la côte occidentale, baignée par l'Atlantique :

Du Nord au Sud sont les caps *Cantin, Noun, Bojador, Barbas, Blanc, Mirik, Vert, Sierra-Leone, Palmas* (ou des palmes), des *Trois pointes, Formose, Lopez, Piedras, Sainte-Marie, Negro, Frio, Cross* et *Castle.*

Sur la côte méridionale : le cap de *Bonne-Espérance* et celui *des Aiguilles,*

Sur la côte orientale, du Sud au Nord : les caps *Vidal, Colatto, Corrientes, Macalonga, Cabeccira, Delgado, Blankett, Guardafui.*

Montagnes.

1° La plus célèbre chaîne de montagnes d'Afrique est l'*Atlas* qui au N.-O. comprend toutes les hauteurs des Etats barbaresques. La ligne principale court du cap *Noun* sur l'Atlantique jusqu'au golfe de *Sidre* dans la Méditerranée, traversant ainsi le *Maroc,* l'*Algérie,* les Etats de *Tunis* et de *Tripoli.* On divise l'Atlas en deux grandes branches : Le *Grand Atlas,* le plus voisin du désert, et le *Petit Atlas,* plus au Nord et plus rapproché de la Méditerranée.

2° Dans la régence de Tunis l'on trouve : les monts *Haroudje* (*blancs et noirs*) qui se divisent en deux tronçons dont l'un vient se terminer dans le *désert de Lybie* et l'autre dans le *Sahara.*

3° La *chaîne Arabique* qui longe la côte de la mer Rouge jusque dans la Nubie où elle s'élève sous le nom de *monts Langay* qui vont s'unir aux montagnes très élevées d'*Abyssinie* formant le *plateau oriental éthiopien;* ces montagnes se dirigent au Sud-Ouest vers les sources du *Nil bleu*, où elles forment différents monts, tels que les monts *Amba-Geshen*, *Amba-Haï*, *Sémen* et *Bayeda*, et où elles se réunissent à une série de plateaux qui s'étend par les monts *Kénia* et *Kilimandjaro* jusqu'au Sud des grands lacs. Une ramification occidentale se prolonge dans le *Darfour*, et forme, au Sud du *Kordofan*, les *monts Teyla* et *Dyré.*

4° La *chaîne de Lupata*, qui s'étend du territoire de Mélinde (côte de Zanguebar) jusqu'au cap de Bonne-Espérance. Elle porte différents noms : *Sucuwberg*, *Nieuweveld*, *Reggeveld* et *Zwarteberg*.

5° La chaîne des *monts Kong*, qui part de la vallée du Niger, au Nord du royaume Bénin, se dirige, de l'Est à l'Ouest, entre le Soudan et la Guinée inférieure, et se termine sur l'Atlantique, aux caps Sierra-Leone et Verga, dans la Sénégambie.

6° Les *monts de la Lune*, qui semblent être la continuation des monts Kong, dont ils ne sont séparés que par le Niger, s'étendent au Sud de l'Equateur, de l'Ouest à l'Est, entre les monts d'Abyssinie et les monts Lupata.

Lacs.

L'intérieur de l'Afrique contient un grand nombre de lacs, dont les principaux sont :

Dans le Soudan, le lac *Débo* et le lac *Tchad*, le plus grand lac d'Afrique, appelé aussi lac *Ouangara*, situé entre le Bornou, à l'Ouest, et au S.-O. le Kanem ; il a environ 380 kilom. de long sur 225 de large.

Les lacs *Tzana* et *Trano*, dans l'Abyssinie.

Au centre de l'Afrique, le lac *Liba*. Plus au Sud et à l'Ouest, les grands lacs de *Albert Nyanza* ou *M'Voutan N'zigé*, *Victoria Nyanza* ou *Oukeréwé*, *Tanganyika*, *Moëro*, *Bangoueollo* et *Nyassa* ou *Maravi*; et, au Nord de la Hottentotie, le lac de *N'Gami*.

Iles.

Dans l'Océan Atlantique, en plein Océan, à une longue distance de la côte, nous trouvons de nombreux groupes d'îles, dont les principaux sont :

Les groupes volcaniques :

1° Des *Açores*, au nombre de neuf îles, appartenant au **Portugal** : *Santa Maria*, *San Miguel*, *Terceira*, *Graciosa*, *San Jorge*, *Pico*, *Fayal*, *Flores*, *Corvo*.

Capitale *Angra*, chef-lieu de l'île *Terceira*.

Ces îles sont belles et riches en excellents fruits, surtout en oranges.

2° De *Madère* (**Portugal**), ainsi désignée du nom de l'île principale du groupe; capitale *Feunchal*.

L'île de Madère est fertile en vins renommés.

3° Des *Canaries*, appartenant à l'**Espagne**, au nombre de sept principales : *Téneriffe*, *Fortaventura*, *Canarie*, *Palma*, *Lancerote*, *Gomera* et *l'île de Fer*.

La plus considérable est Ténériffe, célèbre par une haute montagne volcanique qu'on appelle *Pic de Ténériffe* (3.700 m. de hauteur), au pied duquel se trouve *Santa-Cruz*.

4° Les îles du *Cap-Vert* (**Portugal**), à 500 kil. Ouest du Cap Vert. Les principales sont :

Santiago, *Fogo*, *Boavista*, *San-Antonio*, *l'île de Sel* ou *île Sal*, *Saint-Nicolas*, *Porto-Praya*. Ces îles sont malsaines et exposées à la sécheresse.

5° L'île de *l'Ascension* (aux **Anglais**), à 1.550 kil. Sud-Ouest du cap *des Palmes*. Aspect affreux, sol stérile. Elle est presqu'inhabitée.

6° L'île de *Sainte-Hélène* (aux **Anglais**), à 1.550 kilom. Ouest de la côte occidentale et méridionale de l'Afrique. Chef-lieu *James-Town*. C'est là que *Napoléon Ier* fut exilé en 1815, et qu'il mourut en 1821.

Les principales îles de la côte sont :

L'île **française** de *Gorée*, près du cap Vert.

L'archipel de *Bissagos* (**Portugal**), entre la Gambie et la Sierra-Leone.

Les îles de *Los* (aux **Anglais**), dont les principales sont :

Tamara, *Crawfort*, *Whittes*, *Cassa*, *Tumbo*.

Dans le golfe de Guinée :

Les îles de *Fernando-Pô*, à l'**Espagne** ;

Les îles du *Prince* et *Saint-Thomas*, au **Portugal**.

Un peu plus au Sud, dans le même golfe, l'*île Annobon*, à l'**Espagne**.

Enfin, vers le Sud, les îles *Tristan-d'Acunha*, appartenant à l'**Angleterre**.

DANS L'OCÉAN INDIEN, à l'Est du cap Guardafui :

L'île de *Socotora*, ch.-l. *Tamarida* (**Anglais**).

L'île de *Zanzibar*, près de la côte du Zanguebar ; chef-lieu *Zanzibar*.

Au N.-E. de Madagascar, le groupe des *Seychelles* (**Anglais**), au nombre de trente îles, dont la principale est *Mahé*, et le groupe des *Amirantes*, qui touche au précédent.

Les îles *Comores*, situées à l'entrée septentrionale du canal de Mozambique, sont au nombre de quatre principales : la grande *Comore*, *Anjouan*, *Mohelli* et *Mayotte*. *Mayotte* appartient à la **France**.

Les îles *Mascareignes*, qui comprennent les îles *Maurice*, de la *Réunion* et *Rodrigue*.

L'île *Maurice* ou île *de France* ; chef-lieu *Port-Louis* (**Anglais**).

L'île de la *Réunion* ou île *Bourbon*, au S.-E. de Madagascar ; chef-lieu *Saint-Denis ;* ville principale *Saint-Pierre* et *Saint-Paul*. Son climat est sain, mais elle est souvent désolée par de terribles ouragans (aux **Français**).

L'étude de cette île fait l'objet de la quatrième partie de cet ouvrage.

L'île *Rodrigue*, à l'Est de l'île Maurice, appartient aux **Anglais**. Cette île produit des tortues gigantesques.

Enfin *Madagascar*, la plus grande île de l'Afrique, se trouve dans l'Océan Indien, séparée de la côte orientale par le *canal de Mozambique.*

La Géographie de cette île et des petites îles environnantes est développée dans la troisième partie de ce traité.

Fleuves.

Les principaux fleuves sont: le *Nil,* le *Medjirda,* le *Chélif* et la *Malonia* qui se jettent dans la Méditerranée ;

Le *Djoub* ou *Juba,* le *Dana,* le *Loffih,* le *Ronuma,* le *Zambèze* et le *Limpopo* qui se jettent dans l'Océan Indien ;

L'*Orange* ou *Gariep,* le *Zaïre* ou *Congo,* le *Niger* ou *Dioliba* ou *Kouarra*, la *Gambie* et enfin le *Sénégal* qui se jettent dans l'Océan Atlantique.

Rivières.

Nous diviserons en trois catégories les principales rivières de l'Afrique :

1° Celles qui se jettent dans l'Océan ou dans la mer ;

2° Celles qui se jettent dans un fleuve ou les affluents de ce fleuve ;

3° Celles qui concourent à l'alimentation d'un lac.

a) Les principales rivières qui se jettent dans l'Océan Atlantique sont : 1° *Sebou*, *Oum-ed-Rebia*, *Tensif*, *Noun* et *Draa* dans le Maroc.

Les rivières de *Somone*, *Saloum*, *Casamance*, *Cachéo*, *Rio-Géba*, *Rio-Grande*, *Rio-Nunez*, *Rio-Pongo*, *Mellacorée*, les *Scarcies*, *Sierra-Leone* ou *Rokelle*, *Gallinas* dans la Sénégambie.

Les rivières de *Saint-Paul* et *Saint-Jean* sur la côte des Graines.

La rivière *Assinie* qui sépare la Côte d'ivoire de la Côte d'or, la rivière *Volta* qui sépare la Côte d'or de celle des Esclaves ; et en continuant vers le Sud nous trouvons les rivières de *Benin*, *Calabar*, *Fernando-Vaz*, *Koanza*, *Longo*, *Cunène*.

Dans l'Océan Indien :

L'*Anazo* qui se jette dans le golfe d'Aden ; la *Doura* sur la côte d'Ajan ; la *Galani*, *l'Ouami*, la *Pangani*, la *Lindi*, sur la côte de Zanguebar.

Suivant la côte, nous trouverons plus au Sud la *Nuanetsi*, et la *Delagoa*.

b) Celles qui se jettent dans un fleuve, c'est-à-dire les affluents de ce fleuve.

Les principaux affluents du Nil sont : le *Bahr-el-Abiad* ou *Nil Blanc* et le *Bahr-el-Azrah* ou *Fleuve Bleu* et *l'Atbara*.

Les deux premiers ont eux-mêmes des affluents.

Du Zambèze : la *Chiré*, *Loangoua*, *Liba*, *Tschangani*, *Ungidi* et *Luge*.

De l'Orange : la *Malopo* et le *Vaal.*

Du Congo : *Hogi, Loucinbi,* le *Loumani, Sankourou, Ikelemba, N'koutou,* et *Bancora.*

Du Niger : *Rebbi, Ziffa* et la *Tchadda.*

c) Celles qui dérivent d'un lac ou concourent à son alimentation :

Du lac Tchad : le *Chari* et le *Yéou* ou *Kowadougou.*

Du Victoria Nyanza : *Gori, Duma.*

Du Bangoueolo : *Chambèse.*

Du Nyassa : *Lintipe.*

Du N'Gami : *Famernacle* et le *Chobé.*

GÉOGRAPHIE POLITIQUE ET COMMERCIALE

Bornes de l'Afrique.

L'Afrique est une partie de l'ancien continent, elle s'étend du 37e degré de latitude Nord au 35e de latitude Sud. Elle est bornée au Nord par la Méditerranée et le détroit de Gibraltar ; à l'Ouest, par l'Océan Atlantique ; au Sud, par l'Océan Austral ; à l'Est, par l'Océan Indien ou mer des Indes, le golfe d'Aden, le détroit de Bab-el-Mandeb, le golfe Arabique ou mer Rouge, le golfe et le canal de Suez qui la séparent de l'Asie.

Nous pouvons donc aujourd'hui considérer l'Afrique comme formant un continent à part, puisqu'il est détaché de l'ancien continent par le percement de l'isthme de Suez qui joint la

Méditerranée à la mer Rouge. Sa population est d'environ 60 millions d'habitants.

Division en régions.

Pour faciliter l'étude géographique de ce continent, nous le diviserons en 5 régions :

Régions du *Nord*, de *l'Est*, de *l'Ouest*, du *Sud* et du *centre* ou plutôt de l'*intérieur*.

I. — RÉGION DU NORD

Cette région comprend la *Barbarie* et l'*Egypte*.

LA BARBARIE

La *Barbarie* est divisée en quatre grandes contrées :

1° L'empire du Maroc (8.000.000 d'habitants), borné au Nord par la Méditerranée, à l'Est par l'Algérie, au Sud par le grand désert du Sahara et à l'Ouest par l'Océan Atlantique, a pour capitale *Maroc;* villes principales : *Fez, Mequinez, Tétouan, Oudjda, Théza, Laroche, Mazagan, Mogador, Salé, Agadir* ou *Sainte-Croix*.

Nous y remarquons les ports de : *Talahint-Sidi-Hescham, Taroudant, Agadir, Mogador, Azémoux*, sur la côte de l'Atlantique ; *Ceuta, Tetouan, Pénon de Velez*, **appartenant à l'Espagne**, sur la Méditerranée, et *Tanger* à l'entrée du détroit de Gibraltar.

Gouvernement. — Le gouvernement est une *monarchie absolue, héréditaire*. Le chef a le nom d'*empereur* et prend le titre de *Emir-al-Moumenim* **(commandeur des croyants)**.

Religion. — Ils ne pratiquent que la religion de *Mahomet.*

Langue. — Arabe et berbère.

Productions. — Dattes, huile d'olives, céréales, légumes secs, amandes, millet, miel, gomme, plumes d'autruche, ivoire, poudre d'or, tapis, maroquins, bois, peaux de chèvre et cuirs.

Races. — La population du Maroc est composée de : *Berbères ou Kabyles*, d'*Arabes*, de *Maures*, de *Juifs* et de *Nègres.*

2° L'Algérie (2.400.000 hab.), notre plus belle colonie, conquise par nous en 1830, est bornée au N. par la Méditerranée, à l'Est par la régence de Tunis, au Sud par le Sahara, et à l'Ouest par le Maroc.

Elle est divisée en trois provinces ou départements. La *province d'Alger*, chef-lieu *Alger ;* sous-préfectures : *Blidah*, *Médéah*, *Milianah.*

La *province de Constantine*, chef-lieu *Constantine ;* sous-préfectures : *Bône*, *Philippeville*, *Guelma*, *Sétif.*

La *province d'Oran*, chef-lieu *Oran ;* sous-préfectures : *Mostaganem*, *Mascara* et *Tlemcen.*

L'administration de ces trois provinces est réunie dans les mains d'un *Gouverneur général.*

Races. — Ses nombreuses tribus appartiennent à deux grandes familles, les *Berbères* et les *Arabes ;* cependant il y a encore des *Maures*, des *Juifs*, des *Nègres* et des *Mozabites.* Je passe sous silence les Européens qui deviennent tous les jours de plus en plus nombreux.

Religion. — La religion est celle de *Mahomet.*

Langues. — Le français et l'arabe.

Productions. — Le fer, le cuivre, le plomb, le mercure, le zinc et l'antimoine, le manganèse, le soufre, le sel gemme, le salpêtre, et d'autres sels.

Pierres meulières, pierres lithographiques, pierres précieuses, corail.

Céréales, légumes secs, fruits en abondance, raisins. Tabac, coton, lin, alfa, liège, bois de construction, cire, miel.

L'industrie sous toutes les formes y est très-répandue : Coutelleries, bijouteries, poteries, minoteries, distilleries, vanneries, tanneries, etc.

3° **La Tunisie** ou *régence de Tunis* (2.500.000 hab.), bornée au Nord par la Méditerranée, à l'Ouest par l'Algérie, au Sud et à l'Est par la régence de Tripoli, a pour capitale *Tunis*, v. pr. *Gabès*, *Monastir*, *Sousa*, *Hammamet*, la *Goulette*, *Porto-Fanina*, *Byzerte*, *Tabarcah*, *Sfax*, *Kairouan*, *Capra*, *Kasryn*, *Feriana*, *Gafra*, *Nefta*, *Mansoura*, *Sabriya*, *Douiz*, *Kebilli*, *Seccada*.

Ce pays est gouverné par un *bey*, et placé sous le protectorat de la France.

Races. — *Berbères* et *Arabes*.

Religion. — L'islamisme.

Langue. — L'arabe.

Productions. — Plomb, cuivre, fer, plâtre, sel marin.

Céréales, olives. Chanvre, lin, coton, alfa. Garance, indigo.

Industrie. — Tissus de laine et de soie, cordes en alfa, nattes de jonc. Teintureries, savons, parfums, etc.

Nota : La province de Constantine avec une partie du beylik de Tunis, forment la Numidie.

4° **La régence de Tripoli** (1.000.000 d'hab.), bornée au Nord par la Méditerranée, à l'Ouest par la Tunisie, au Sud par le Sahara, le pays des Touaregs et le Fezzan, à l'Est par l'Egypte, est divisée en cinq parties :

1° La *Tripolitaine*, 2° le *Plateau de Barca*, 3° le *Fezzan*, 4° l'*Oasis d'Audjilah*, 5° l'*Oasis de Ghadamès.*

Elle est aussi divisée en trois provinces : *Tripoli*, *Mesurata* et *Barca.*

La Régence a pour capitale *Tripoli*, son chef porte le nom de *bey.*

Les villes principales sont : *Benghazy, Dernah, Bomba, Tobrouk, Mourzouk, Soukna, Audjilah, Ghadamès.*

Races. — Arabes, Berbères, Maures, Kouloughi (mélange de Turcs et de Maures), Juifs, Nègres.

Langue. — L'arabe.

Religion. — Musulmane.

Productions. — Quelques céréales, dattes, figues, oranges, citrons, amandes, olives, et autres fruits. Les légumes y abondent.

Industrie. — Nulle.

La *Barbarie* comprend aussi le Sahara que nous étudierons dans la région de l'Ouest.

L'ÉGYPTE

(15.000.000 d'habitants.)

L'*Egypte* a pour bornes : au Nord la Méditerranée, à l'Ouest la Barbarie, au Sud la Nubie, et à l'Est la mer Rouge et le canal de Suez.

Elle est divisée en 3 provinces :

Saïd ou *Haute-Egypte*, le *Vostani* ou *Moyenne-Egypte*, le *Bahari* ou *Basse-Egypte*.

Cap. *Le Caire* ; v. pr. *Alexandrie*, *Rosette*, *Damiette*, *Aboukir*, *Port-Saïd*, *Cosséir*, *Suez*, *Ismaïlia*, *Zagazig*, *Boulak*, *Akmin*, *Keneh*, *Esneh*, *Medinet-el-Fayoum*.

Gouvernement. — Monarchie absolue, vassale de la Turquie. Son chef porte le nom de *khédive*.

Races. — Fellahs, Bédouins, Juifs, Nègres.

Religion. — L'islamisme.

Productions. — Sel et natron. Céréales, légumes secs, riz, arachides, canne à sucre, coton, garance et safranum.

Industrie. — Fonderies, forges, orfèvreries, huileries, sucreries, soieries, tanneries et fabriques de bougies.

II. — RÉGION DE L'EST

1° **La Nubie** (2.000.000 d'hab.) est bornée au Nord par l'Egypte, à l'Ouest par le grand désert de Lybie et le Darfour, au Sud par le Soudan et l'Abyssinie, à l'Est par la mer Rouge.

Elle est divisée en 4 provinces : *Dongola*, *Karthoum*, le *Kordofan* et le *Sennaar*.

V. pr. : *Karthoum*, résidence du gouverneur égyptien, *Souakim*, le seul port, *Lobéid*, *Sennaar*, *Damer*, *Kassala*, *Chendy*, *Berber*, *Korosko*. Tout ce pays est tributaire de l'Egypte.

RACES. — Ethiopiens et Arabes.

LANGUES. — Arabe.

RELIGION. — Musulmane.

PRODUCTIONS. — Or et sel gemme. Céréales et légumes secs ; sésame, coton, tabac, figues, dattes, bananes, tamarin.

INDUSTRIE. — Nulle.

2° **L'Abyssinie** (3.000.000 d'hab.), bornée au Nord par la Nubie, à l'Ouest par le Sennaar, au Sud par l'Adel et le pays des Gallas, à l'Est par la mer Rouge, est divisée en plusieurs Etats indépendants et rivaux dont les principaux sont :

Ceux de *Tigré*, v. pr. Axoum, Adouah.
de *Choa*, v. pr. Tégoulet, Angolola, Ankober, Abdérasoal.
de *Lasta*, v. pr. Sokata.
d'*Ahmara*, v. pr. Gondar, capitale de l'Abyssinie.
de *Dankali*.

Les Etats d'*Angot*, de *Naréa*, de *Samana*, de *Huragué* et de *Kaffa* qui ont pour villes principales : *Agof*, *Kobbenon*, *Kombatche*, *Gafarsa*, sont sous le joug des *Gallas*. Le port de *Massaoua* appartient à l'Egypte.

GOUVERNEMENT.— Chaque état a son chef qui a pouvoir absolu sur ses sujets, et même droit de vie et de mort.

RACES. — Abyssins et Changallas.

Religion. — Chrétiens monophysites.

Langues. — Le tigraï et l'amharie.

Productions. — Fer, or et sel; céréales et riz, lin, coton, tabac, canne à sucre, café et vignes.

Industrie. — Nulle.

3° **Le pays des Gallas** (9.000.000 d'hab.), situé au Sud de l'Abyssinie, appartenait autrefois à l'Abyssinie ; c'est un plateau riche et bien cultivé.

Races. — Les Gallas (race éthiopienne).

Religion. — Musulmane.

Productions. — Céréales et café. Ivoire, chevaux de petite taille.

4° **Le pays des Adels** ou **Danakils.**

Bornes. — Le pays des Adels a pour bornes au Nord la mer Rouge, le détroit de Bab-el-Mandeb et le golfe d'Aden ; à l'Est le pays des Somalis ; à l'O. et au S. les plateaux de l'Abyssinie et du pays des Gallas. Il s'étend donc du détroit de Bab-el-Mandeb au cap Guardafui.

Capitale Zeïlah.

V. pr. Berberah, Tadjourah et Kéram.

Le port d'Obok à l'entrée du détroit de Bab-el-Mandeb appartient aux Français, qui le fortifient en ce moment. (Description dans la 3e partie.)

Commerce d'esclaves, d'ivoire et de poudre d'or.

5° **Le pays des Somalis,** que l'on appelle aussi *Péninsule de Somal* ou *côte d'Ajan,* s'étend du cap Guardafui au Zanguebar, limité à l'Ouest par le pays des Gallas.

On trouve sur le littoral les ports de *Brava*, *Marka* et *Magadoxo*.

Magadoxo est une belle ville formant une petite république soumise au *Sultan de Zanzibar*.

Religion. — Musulmane.

Productions. — Riz, fruits, gommes, résines; chevaux, chameaux et autruches; animaux sauvages en abondance.

6° **Le royaume de Harar ou de Hourour,** situé au Nord-Ouest du pays des Somalis, a pour capitale *Adar*.

Religion. — Musulmane. *Adar* est la ville sainte dont l'entrée est interdite aux infidèles.

7° **Le Zanguebar** ou *Souaheli*, appelé aussi *sultanat de Zanzibar*, était autrefois sous la suzeraineté de l'*iman de Mascate* (**Etat d'Arabie**), aujourd'hui il en est indépendant.

Bornes. — Cet état s'étend de la Djoub ou Juba au cap Delgado et se partage en 3 provinces:

1° La *côte de Mélinde* (de la Djoub à Mombas), capit. Zanzibar (île), et ports principaux Mélinde, Lamou, Patta, Sivi, Durnfort, Kismayo.

2° La *côte de Zanguebar* proprement dite (de Mombas à la pointe Panna), v. pr. Mafia, Pemba, Mombas.

3° *Le pays de Quiloa* (de la pointe Panna au cap Delgado), v. pr. Madjiani, Bagamoyo.

Races. — Arabes, Souahhelis, Beloutchis, Zangues.

Langue. — Arabe.

Religion. — Musulmane.

Gouvernement. — Le chef est appelé *sultan*.

Productions. — Sol très fertile. Toutes sortes de céréales et de plantes textiles, canne à sucre, tabac, datura stramonium; arbres variés: baobab, bananier, oranger, citronnier, tamarin, papayer, cocotier, etc. Abeilles et cire. Or, argent, cuivre et fer.

Industrie. — Nulle.

8° **La Capitainerie générale du Mozambique** (280.000 hab.).

Bornes. — La capitainerie générale du Mozambique est une possession portugaise qui, située au Sud du Zanguebar, comprend toute la côte entre le cap Delgado et la baie Delagoa. Elle est subdivisée en 7 capitaineries: *Mozambique*, *Querimbe*, *Quilimane*, *Sena*, *Sofala*, *Inhambane*, *Bahia-de-Lorenzo-Marquez*.

Capitale *Mozambique*, sur une petite île de ce nom.

Races. — Cafres, Mokouas et Macondés.

Productions. — Fer, or, houille. Sol très fertile, aussi productif que celui du Zanguebar. Buffles, éléphants, rhinocéros, hippopotames.

Industrie. — A peu près nulle. Grand commerce d'ivoire, d'écailles, piments, baume, ambre gris, gomme, peaux de tigre, etc., et d'esclaves.

III. — RÉGION DE L'OUEST

1° **Le Sahara** ou **Grand Désert**.

Bornes. — Le Sahara s'allonge de l'Est à

l'Ouest au Sud de la Barbarie, de la Nubie à l'Océan Atlantique, de l'Ouest à l'Est 4.500 k. m. et du Nord au Sud une moyenne de 1.800 k. m.

Sur la côte du Sahara, côte inhospitalière, stérile et sauvage, nous possédons les comptoirs d'*Arguin* et de *Portendick* qui font partie de notre colonie du Sénégal.

C'est sur les récifs du banc d'Arguin que périt si misérablement la *Méduse* en 1816.

Les principales tribus qui habitent le Sahara, sont :

a) Les *Maures* à l'Ouest, qui se subdivisent en *Maures Trarzas, Maures Bracknas, Maures Douïchs*, peuples à demi barbares, féroces et pillards.

b) Les *Touaregs* au Centre et au Nord forment un groupe de la nation Berbère, composée comme il suit : les *Schellouks* (**Berbères du Maroc**), les *Kabyles* (**Berbères de l'Atlas Algérien**) et les *Touaregs* (**Berbères du désert**).

Les *Touaregs* se divisent en 4 groupes.

Les *Touaregs-Hoggar* dans le Djebel-Hoggar, les *Touaregs Azghar* ou les *Azkar* dans l'oasis de Ghat, les *Touaregs-Kéloui* plus au Nord, les *Touaregs-Ouéliméniden* sur le Kouara, au N.-E. de Tombouctou.

c) Les *Tibbous* à l'Est.

Divisions. — Nous diviserons le Sahara en 3 parties : le *Sahara Occidental*, le *Sahara central* et le *Sahara Oriental*.

Le *Sahara Occidental* appelé Sahel est parsemé d'oasis dont les principales sont : *Adrar*, lieux principaux : Chingueti et Atar ;

Tiris, oasis habitée par les Ouled-Delim ;
Tagant, v. pr. Tichit ;
Oualata ;
Le *pays d'El-Hodh*, cap. Kassambara.

Le *Sahara central* comprend les oasis de :
Ghat, v. pr. Ghat, Barket et Djanet ;
Djebel-Hoggar, v. pr. Idelés ;
Touat, v. pr. Timimoum, Adrar, Insalah et Agably ;
Djebel-Aïr ou Asben, habitée par les Kélouï, v. pr. Agadés, Ten-Telloud et Assoudi ;
Damerghou, v. pr. Taghebel ;
El-Araouan et *El-Azaouad* au Nord de Tombouctou.

Dans le *Sahara Oriental*, région des Tibbous, l'on rencontre les oasis de *Kaouar*, v. pr. Aschenouma ; de *Borgou* v. pr. Yeu ; de *Koufarah* v. pr. Kebala.

PRODUCTIONS. — Sel, salpêtre.

Animaux : Le lion, l'autruche, le bœuf à bosse, le chameau.

INDUSTRIE. — Nulle, excepté chez les Maures qui façonnent des bijoux, tissent des étoffes de poil de chèvre et de chameau ; utilisent les peaux de lion, de tigre, de panthère, d'hippopotame, les dents d'éléphant et les défenses de rhinocéros.

2° **Le Désert de Lybie**, entre le pays des Tibbous et le Nil, n'est que la continuation du Sahara. Il renferme un grand nombre d'oasis dont les principales sont celles d'*El-Khardjeh* ou grande oasis, d'*El-Dakhel*, d'*El-Farafreh*, d'*Ouah-el-Bahrieh* ou petite oasis, d'*El-Fayoum* dont la capitale est *Syouah-el-Kébir*. Toutes ces oasis sont **tributaires de l'Egypte**.

3° La **Sénégambie** que l'on peut diviser en quatre parties : La *Sénégambie française* (notre colonie du Sénégal), la *Sénégambie anglaise*, la *Sénégambie portugaise* et enfin la *Sénégambie indépendante*.

Partie française : Le *Sénégal* et dépendances ; capitale *Saint-Louis*, la plus jolie ville de la côte, bâtie dans le goût des villes arabes sur une île du fleuve Sénégal et séparée de la mer par une langue de sable très étroite qu'on appelle la *langue de Barbarie;* v. pr. *Gorée, Dakar, Rufisque, Joal* et *Portudal*. Elle appartient à la partie maritime occidentale de cette grande zone qui s'étend entre l'*Equateur* et le *Sahara*, et doit son nom (Sénégambie) à ses deux grands cours d'eau, le *Sénégal* et la *Gambie*.

Les Français ont un grand nombre de postes fortifiés :

1° En longeant la côte, les principaux sont : *N'Diago*, *Bétête, Thiès, Kaolack, Carabane*, *Boké, Boffa, Benty ;*

2° Sur le cours du Sénégal : *Dagana*, *Podor*, *Aéré, Saldé, Matam, Bakel*, *Bafoulabé*, etc. ;

3° Vers le Niger comme *Badumbé* et *Kondou, Kita*, dans le *Fouladougou*, et *Bammakou* sur le *Niger*.

La colonie est divisée en 2 *arrondissements* : chaque arrondissement en cercles, chaque cercle en cantons. Elle est administrée par un gouverneur qui réside à *Saint-Louis* et par un lieutenant gouverneur habitant *Benty* à l'embouchure de la

Mellacorée. La colonie, qui possède un *conseil général*, est représentée à l'assemblée nationale par un député.

Les provinces principales appartenant à la *France* ou sous son protectorat sont : 1° toutes celles placées sur la rive gauche du Sénégal : Le *Oualo*, le *Dimar*, le *Fouta Toro*, le *Fouta sénégalais*, le *Fouta Damga*, le *Guoye*, le *Bondou*, le *Kaméra*, la partie méridionale du *Kasso*, une partie du *Bambouk*, etc.

2° Le *N'Diambour*, le *Cayor*, le *Baol*, le *Sine*, le *Saloum*.

3° Sur la rive gauche de la Casamance : l'île de *Carabane*, le pays des *Bagnouns*, le *Boudhié*, etc.

4° Sur la côte au Sud de la Casamance : le pays des *Nalous*, des *Bagases*, des *Boulames du Nord*, etc.

SÉNÉGAMBIE ANGLAISE

Les *possessions anglaises* forment deux parties bien distinctes : celles situées sur la Gambie et les autres dans la presqu'île de *Sierra-Leone*.

Les premières ont pour ch.-l. *Sainte-Marie de Bathurst*, jolie petite ville bâtie sur l'île Sainte-Marie à l'embouchure de la Gambie ; v. pr. : *Fort-James*, *Albreda*, *Georgetown* et *Mac-Carthy*.

Les Anglais possèdent en outre l'*île de Boulam*, à l'Est de l'archipel des Bissagos, les *îles de Los*.

Les secondes ont pour ch.-l. *Freetown*; v. pr. : *Regent-Stown* et *Gloucester*.

SÉNÉGAMBIE PORTUGAISE

Les Portugais ont les comptoirs de *Zighinchor* sur la Casamance.

Ceux de *Cachéo* et de *Farim* sur le Cachéo, de *Géba*, l'*archipel de Bissagos* dont l'île de *Bissao* contient les comptoirs principaux.

Cachéo est le chef-lieu des possessions portugaises.

SÉNÉGAMBIE INDÉPENDANTE

Toutes les contrées de la Sénégambie que nous avons passées sous silence sont indépendantes.

Les principales sont :

1° Le *Djolof*, qui est le pays, en grande partie désert, situé entre le Sénégal et la Gambie d'une part, la Falémé le Cayor et le Baol de l'autre. Son chef ale titre de *Bour-ba-Djolof*. Dans cet Etat, nous trouvons la forêt du *Bounoum* qui est le point d'intersection du Oualo, du Cayor, du Djolof et du Fouta. Sa capitale est *Ouarkhor*.

2° Le *Guidi-Maka* et le *Diombokho*, situés dans le *Gangara*, sur la rive droite du Sénégal. Ce pays est tributaire des *Bambaras* du *Kaarta* et des *Maures Douïchs*.

3° Le *Kaarta* sur la rive droite du Sénégal, capitale *Nioro*. Grand commerce d'esclaves, d'or, d'ivoire, de pagnes et de beurre végétal appelé beurre de carité. Le *Fouladougou* est tributaire du *Kaarta.*

4° Le *Mancina*, le pays de *Ségou*, le pays des *Mandingues,* qui renferme le *Bouré* si riche en or.

5° Et enfin le *Fouta-Djallon*, cet immense Etat peul de la *Nigritie occidentale*, dans la région montagneuse d'où sortent la *Gambie*, le *Sénégal*, la *Falémé*, le *Rio-Grande,* a pour capitale *Timbo*, v. pr. *Labé.*

4° **La Guinée supérieure** ou **Ouankarah**. — La *Guinée supérieure* ou *septentrionale,* qu'on appelle aussi *Ouankarah*, s'étend depuis la Sénégambie jusqu'au cap Lopez. La côte porte les noms différents suivants :

Côte de *Sierra-Leone,*
Côte du *Poivre ou des Graines,*
Côte d'*Ivoire ou des Dents,*
Côte d'*Or,*
Côte des *Esclaves,*
Côte de *Bénin.*
Côte de *Calabar,*
Et côte du *Gabon.*

a) La *côte de Sierra-Leone* comprend la presqu'île de Sierra-Leone, elle s'étend du cap Vergas à la rivière Gallinas. C'est une colonie **anglaise** dont le chef-lieu est *Free-Town*, v. pr. *Regent-Stown*, et *Gloucester*.

Productions. — Riz, café, indigo, patates, coton, et kolas.

b) La *côte des Graines*, qui s'étend de la rivière Gallinas au cap Palmas, renferme la *république* de *Libéria* dont la capitale est *Mourovia* et la *colonie de Maryland* (aux **Américains**).

Productions. — Le sol est très fertile, il produit : maïs, pommes de terre, patates, manioc, riz, légumes secs, pastèques, ananas, bananes, grenades, oranges, citrons, tamarin, goyaves, etc., etc., poivre, sucre, indigo, coton, café, huile, noix de galle, etc.

c) La *côte d'Ivoire* ou *des Dents* est comprise entre le cap Palmas et la rivière d'Ancobra. Nous y avons deux comptoirs fortifiés : *Grand-Bassam* et *Assinie* avec le poste de *Dabou*. Les Anglais y ont aussi des factoreries.

d) La *côte d'Or*, au Sud de la côte d'Ivoire, s'étend jusqu'au Rio-Volta, elle est habitée par les *Fantis* et les *Achantis*, et comprend un grand nombre de comptoirs fortifiés. Les **Anglais** y possèdent : Apollonia, Dixcove, Anamabou, Cormantin, Tantunquerri, Winebach, Fort-James, Akkra, Christiansbourg, Friedensbourg, Axim, Hollandia, Elmina, le fort Crevecœur.

Le chef-lieu de leurs possessions est *Cape-Coast-Castle*.

Productions. — Riz, canne à sucre.

e) La *côte des Esclaves* s'étend du Rio-Volta à la rivière de Lagos ; elle comprend : les petites *Républiques Minas*, toutes indépendantes, parmi lesquelles se trouvent Porto-Seguro, Petit-Popo, Agoué, Abanauguére et Grand-Popo où les Français ont établi des factoreries ; le *Dahomey* où les Français possèdent des établissements à Whydah, Godemey, Abomey et Kotonou ; le *royaume de Porto-Novo*, capitale Porto-Novo, où nous avons une mission catholique ; les *possessions françaises et anglaises de Lagos*, où nous avons établi plusieurs factoreries : à Lagos, Palma, Leké.

f) La *côte de Bénin* au Sud de la précédente qui s'étend jusqu'au delta du Niger. Elle forme le *royaume de Bénin* dans lequel les Anglais ont fondé le marché de Lukodja.

g) La *côte de Calabar*, de la côte de Bénin au cap Esteiraz, qui renferme les villes de Nouveau-Calabar, Bonny, Vieux-Calabar et Cameroun.

h) Enfin *le Gabon* que l'on appelle aussi *M'Pongo* et qui s'étend du cap Esteiraz au cap Lopez. C'est une colonie française dont les établissements principaux sont : Libreville, Louis, et le port Saint-Denis. Les *Anglais* y ont une factorerie à Glass-Town.

PRODUCTIONS DU GABON. — Bois, café, coton, cacao et oranges.

Dans l'intérieur de la Guinée se trouve le *pays de Yarriba* ou *Ioruba* au N.-O. du *royaume de Bénin*, à l'Ouest du Niger et dans les montagnes de Kong ; v. pr. Abbéokuta. Sur les deux rives du fleuve est le *pays d'Ygbo*.

5° **La Guinée inférieure** ou **Congo**. — La *Guinée inférieure* ou *Congo*, bornée à l'Ouest par l'Océan Atlantique, comprend, sur une largeur de 400 à 500 kilomètres, le littoral depuis le cap Lopez au N. jusqu'au cap Frio au Sud, c'est-à-dire jusqu'à la Cimbébasie.

La Guinée inférieure est divisée en 6 pays principaux :

1° Le *Loango*, cap. Loango, ou Bouali indépendant.

2° Le *Cacongo*, cap. Kinguela, v. pr. Malemba, indépendant.

3° Le *N'Goyo* ou *Angoy*, cap. Cabuida, indépendant.

4° *Le Congo* proprement dit, cap. San-Salvador, v. pr. Batta, Bamba, Banane, San-Antonio, Ambriz.

5° et 6° L'*Angola* et le *Benguela* qui, avec le pays *de Mossamédés*, forment la *colonie d'Angola* appartenant aux Portugais. Sa capitale est Saint-Paul de Loanda ; les villes principales sont Massangano, Golungo-Alto, Cassange, Saint-Philippe de Benguela.

L'*Anziko*, situé à l'Est de la Guinée, au loin dans l'intérieur, paraît devoir être rattaché à la Guinée inférieure. C'est un petit pays peu connu, indépendant, dont le souverain s'appelle *Mikoko*.

Productions. — Fer, cuivre, sel, soufre. Le sol est très fertile, il produit des graminées et des arbres en quantité. Gomme élastique, caoutchouc, cire, huile de palme, café, coton, fruits, miel, ivoire.

IV. — RÉGION DU SUD

1° **La Cafrerie.** — Sous ce nom, on désigne toute la partie baignée à l'Est par l'Océan Indien comprise entre le Mozambique au Nord et la colonie du Cap au Sud, elle comprend aussi la *République du Transvaal* et *l'Etat libre de l'Orange* ainsi que le pays situé au Nord de la Colonie du Cap, pays habité par une foule de peuplades indépendantes.

Le climat y est très chaud surtout sur les côtes.

Les villes principales sont :

Nouveau-Litakou, Melita, Meribowhey, Kouritchane, Makov, Joula, Molopo, Motilo, Kolobeng.

Population. — Les principales tribus sont les Koussas, les Zoulous, les Tamboukis, les Mamboukis sur le littoral. A l'intérieur, les Gokas, les Morolongs, les Betjouanes et les Bakouaïns. Plus au Nord : les Makololo, cap. Linganti, les Mosilikatsé et les Barotsé sur les bords du Zambèze. On rencontre aussi les Banyaï qui occupent l'ancien empire de Monomotapa.

Tous les habitants de ces tribus, dont le teint est plutôt bronzé que noir, sont grands, forts et belliqueux.

Productions. — Or, céréales, coton, tabac, indigo, sucre, café. Autruches, antilopes, buffles, éléphants, rhinocéros, lions en abondance.

2° Le pays des Zoulous ou **Zululand.** — Le *pays des Zoulous,* sous la domination anglaise, s'étend, sur la côte orientale, de la rivière Limpopo (baie Delagoa) à la Colonie du Natal et elle est limitée à l'O. par la république du Transvaal.

On trouve sur cette partie de la côte de grandes lagunes dont la principale est celle de *Santa-Luzia-Bey* où les **Anglais** se sont établis.

C'est dans ce pays que le fils de Napoléon III a trouvé la mort en 1879.

3° Colonie du Natal. — La *colonie du Natal*

située au Sud du pays des Zoulous, toujours en suivant la côte orientale, a pour limite Sud la Cafrerie et se rattache à l'Ouest par le *pays des Bassoutos* à la Colonie du Cap à laquelle elle fut annexée en 1844 par les **Anglais.**

Les villes principales sont :

Maritzburg, Grey-Town et *Emalem.*

PRODUCTIONS. — Fer et houille. Coton, canne à sucre, café, tabac, patates, arachides, etc. Toutes sortes de fruits. Lions, buffles, éléphants, rhinocéros, hippopotames, crocodiles.

4° **L'Etat libre de l'Orange.** — Cet état, qui forme une république, a pour bornes le *Nu-Gariep* qui la sépare de la Colonie du Cap ; au Nord et à l'Ouest le *Vaal,* c'est-à-dire la république de Transvaal et le pays des Hottentots, à l'Est la colonie du Natal.

Sa capitale est *Bloemfontein.*

Villes principales : *Smitfield*, *Winburg* et *Harrismith.*

PRODUCTIONS. — Cuivre, fer et houille. Céréales et fruits. Mérinos, laines. Antilopes, gazelles, chamois, élans.

5° **La République du Transvaal.** — Ce pays habité par les *Boërs* s'étend de l'Etat libre de l'Orange, qui en est séparé par le *Vaal,* du Limpopo au Nord, au pays des Zoulous et à la Colonie du *Natal* à l'Est.

Il est divisé en 4 districts :

Monioiverdop, Magalisberg, Leydenberg, Zoutpansberg.

La capitale est *Pretoria.*

Les lieux principaux sont :

Potchefstroom, *Rustenburg*. *Reynosport, Orichstad.*

Productions. — Fer, étain, plomb, cuivre, alun, marbre, salpêtre, pierres précieuses et diamants. Céréales, pommes de terre, piments, légumes, café, sucre, tabac, oranges.

6° **Colonie du Cap.** — La *Colonie du Cap* est très importante, elle appartient aux **Anglais.** Terminée au Sud-Ouest par le cap de *Bonne-Espérance* dont elle tire son nom, elle occupe l'extrémité méridionale de l'Afrique, et comprend la partie située au Sud du fleuve Orange qui la sépare du pays des Hottentots, des Criquas et de l'Etat libre de l'Orange. Le pays des Bassoutos et le *Natal*, comme nous l'avons déjà vu, y ont été annexés, ainsi que le *pays des Criquas* situé au Sud-Ouest de l'Etat d'Orange.

Les Criquas sont des métis entre Hollandais et Namaquas ou entre Hollandais et Koranas.

Les principaux ports sont :

Cap-Town ou *le Cap, Port-Elisabeth* et *East-London.*

Elle est divisée en trois provinces :

Celle *du Cap*, ch.-l. *Cap-Town ;*

Celle *de l'Est*, ch.-l. *Grahams'Town ;*

Et la *Cafrerie Britannique*, ch.-l. *Kings-Williams-Town.*

Les villes principales sont :

Simons-Town, Mossel-Bay, Port-Elisabeth, Port-Alfred, East-London, Constance, Worces-

ter, Uitenhagen, Graaf-Reynet, Pniel, New-Rusch, Colesbert.

Langues. — Anglais et hollandais.

Religion. — Protestantisme.

Productions. — Cuivre, houille, plomb, charbon, céréales, vignes. Fruits et légumes en abondance. Animaux de toutes sortes. Huîtres et perles.

7° **La Hottentotie.** — La *Hottentotie* ou plateau des Hottentots occupe, à l'extrémité méridionale de l'Afrique, une vaste contrée bornée au Nord-Ouest par la *Cimbébasie,* au Nord-Est par le pays des *Cafres,* et de tous les autres côtés par l'Océan. La Colonie du Cap est enclavée dans ce pays.

Les Hottentots se divisent en plusieurs tribus :

1° Les *Hottentots* proprement dits ou Kouakouas;

2° Les *Namaquas* ou Namakouas;

3° Les *Koranas* ou Korakouas;

4° Les *Bosjhemens* appelés aussi Saabs ou Houzouanas, l'une des nations les plus misérables et les plus sauvages de la terre

Au milieu de ce pays se trouve le désert de *Kalahari* compris entre *l'Orange* au Sud et le lac *N'Gami* au Nord. Il sépare les Namaquas des Betjouanas.

Productions. — Fer et cuivre. Animaux sauvages de toutes sortes et en abondance

8° **La Cimbébasie** ou **Ovampie.** — La côte limitée au Sud par la Hottentotie et au Nord par la Guinée inférieure est nommée *Cimbébasie* ou *Ovampie*. Elle est très peu habitée et très insalubre.

Les tribus qui peuplent cette contrée sont les *Cimbébas* qui se divisent en deux principales :

Les *Ovampos* et les *Damaras*.

La capitale où réside le roi est *Ondonga*

V. — RÉGION DE L'INTÉRIEUR

1° Le Soudan. — Le *Soudan* ou *Nigritie*, appelé *Takrour* par les Indigènes, est situé entre le *Sahara* au Nord, la *Nubie* à l'Est, la *Guinée* au Sud et la *Sénégambie* à l'Ouest.

Le Soudan renferme plusieurs états dont les principaux sont :

a) Le *Darfour* qui vient d'être conquis par l'Egypte.

b) Le bassin du *lac Tchad* qui comprend :

L'*Empire de Bornou*, ch.-l. Kouka. Il est habité par les Kanouris ;

Les *provinces de Mandara* et de *Loggone;*

Le *Kanem*, cap. Mao.

L'empire de *Baghermé* ou *Baghirmi*, cap. Masna. Il est habité par les Nègres et les Schouas.

Le *Bergou* ou *Ouadday*, v. pr. Ouara et Konka.

c) Le bassin du Niger :

Le pays de *Bouré*, ch.-l. Bouré, pays montagneux situé près du Niger, très riche en terrains aurifères ;

De *Kankan*, ch.-l. Kankan, et de *Ouassoulo*, ch.-l. Ségala, dont le sol est très fertile et riche en or. Grand nombre de bestiaux et de chevaux.

Le Royaume du *Haut-Bambara*, ch.-l. Ségo (environ 30.000 habit.), entouré de murs d'enceinte. Commerce important.

Sansanding, ville très importante et indépendante, habitée par les Sarrakholès.

Le *Bas-Bambara*, ch.-l. Djenné (10.000 hab.). Grand commerce d'esclaves et de poudre d'or.

La *Massina*, ch.-l. Massina.

Le *Haoussa*, v. pr. Kano, Sakatou où Sokoto, et Katagoum.

Le pays de *Banan*, cap. Dihiover,

— des *Dirmians*, cap. Alcodia.

Le Royaume de *Tombouctou*, cap. Tombouctou (20.000 habit.), près du *Niger*, presqu'à égale distance de Saint-Louis à Alger ; grand entrepôt de commerce. Ce pays est habité par les Kissous et les Maures.

Les états de *Yaouri*, ch.-l. Yaouri.

— *Niffé* ou *Tappa*, — Tabra ou Koulfa.

— *Bourgou*, — Boussa.

— *Kong*, — Kong.

— *Kalama*, — Kalama.

— *Founda*, — Founda, ville célèbre par ses étoffes de coton, travaille le cuir, brasse de la bonne bière et possède des forgerons.

Dans la partie la plus méridionale du Soudan sont les belles contrées d'*Adamaoua* ou Tumbina, cap. Yola, et de *Kororofi*, cap. Oukari.

d) Entre les deux bassins :

L'empire des Foulbés, ch.-l. Sakatou.

Races. — Les habitants du Soudan sont les Nègres, les Foulbés et les Arabes.

Les Nègres, selon les différents endroits qu'ils habitent, se divisent en Mandingues, Sourhais, Haoussains et Kanouris.

Les Foulbés se divisent en Foulahs, Fellani, Foulans ou Fellatahs.

Les Arabes qui habitent l'Est portent le nom de Schouas.

Religion. — La plupart paraissent professer le mahométisme.

Productions. — Mines de fer dans le *Bornou*, d'or dans le *Ouassoulo*, le *Bouré*, le *Bambarra* et le *Haoussa*, d'argent dans le *Baghirmi*, de cuivre dans le *Darfour*. Cuivre, plomb, antimoine et alun dans le *Haoussa*. Gomme, maïs, millet, doura, riz, noix de gouro, arbre à beurre, arachides, tabac, coton, fruits, cire, miel, volailles de toutes sortes. Nombre considérable d'éléphants, hippopotames, buffles, sangliers, girafes, antilopes, rhinocéros, léopards, panthères, lions, crocodiles, autruches.

Industrie. — Elle est presque nulle, cependant on forge le fer, on fait des objets en ivoire, on tanne les peaux, on tisse et on teint avec de l'indigo.

2° **Contrée des Lacs.** — La partie intérieure de l'Afrique comprise entre le *Soudan* au Nord, la *Guinée* à l'Ouest, la *Hottentotie* au Sud et la côte de *Zanguebar* à l'Est, n'est pas aussi connue ni aussi peuplée que les pays que nous venons d'étudier. Cependant cette partie renferme une quantité de grands lacs autour desquels poussent une belle végétation et sont venues s'établir un certain nombre de tribus, plus ou moins civilisées.

Ainsi, à l'Ouest du *Zanguebar* se trouvent : les lacs *Tanganyika* ou *Oudjidi*, de *Oukérémé* ou *Victoria Nyanza;* plus au Nord, de *Voutan N'Zighé* ou *Albert Nyanza;* le lac *Nyassa* ou *Maravi* à l'Ouest du *Mozambique* et le lac *N'Gami* au Nord du désert de *Kalari.*

Les environs de ces lacs ne sont pas très connus, cependant nous pouvons citer : au N.-O. du lac *Voutan N'Zigé* et au S.-O. de l'Etat de *Darfour* un pays dont les terres basses sont habitées par les *Dinkas*, les *Nouërs* et les *Chillouks*, les terres hautes par les *Bongos*, les *Mitons* et les *Niam-Niams.* Cette région est très riche en fer.

Les pays situés à l'Ouest des lacs *Tanganika, Victoria Nyanza* et *Albert Nyanza*, sur le Congo, sont des états très puissants, mais inconnus jusqu'à ce jour : ce sont les royaumes de *Bonda*, de *Sala*, de *Maloune* et de *Cossange* dont la capitale est un très grand marché d'esclaves.

Au Sud-Est du lac *Victoria Nyanza* l'on trouve aussi l'Etat de *Ouniamoëzi*, cap. *Kazeh.* Le pays compris entre le *Zambèze* et le lac *Nyassa* est habité par les *Mazitous.*

Le territoire arrosé par le lac de *N'Gami* est un pays très fertile, mais malsain, d'une végétation puissante et couvert d'arbres à fruits.

Productions. — Eléphants, hippopotames, rhinocéros, buffles, girafes, antilopes, crocodiles. Oiseaux innombrables, commerce de plumes d'autruche et d'ivoire. Les habitants se nomment Bayeyes.

Remarque. — Avant de terminer cette étude générale de l'Afrique, qu'il me soit permis d'attirer l'attention des élèves sur la richesse de ce continent, sur l'abondance et la variété des productions de son sol. Il offre des ressources inépuisables à la spéculation intelligente des capitaux, des esprits et des bras; cependant nous n'en profitons guère et les indigènes moins encore.

Néanmoins, malgré les obstacles de tous genres à surmonter, malgré les difficultés que présentent au voyageur les montagnes, les déserts, les fleuves et les inondations, on fait à l'intérieur un commerce considérable, en transportant les produits d'une contrée pour les échanger avec d'autres produits d'une autre contrée parfois très éloignée.

Les voyages et le commerce se font par terre et par caravane, à dos de chameaux et de bœufs porteurs.

Un des plus révoltants usages de l'Afrique est la *vente des esclaves*. Cet ignoble commerce, prohibé par les lois des nations civilisées, se fait encore sur un grand nombre de points.

TROISIÈME PARTIE

Possessions françaises de l'Océan Indien.

I. — MADAGASCAR

SITUATION.

L'île de *Madagascar*, que ses habitants appellent *Madécasse* ou *Madegache*, est la plus grande île de l'Afrique.

Elle est située dans la *mer des Indes*, à 600 k. m. de la côte orientale de ce continent dont elle est séparée par le canal de *Mozambique*. Par le canal de Suez elle est à 20 jours de Paris. Elle s'étend en longueur entre 11° 57 et 25° 45 latitude Sud (environ 1.550 kilomètres) et en largeur entre 40° 50 et 48° 10 longitude Est (environ 480 kilomètres). Elle est coupée au Sud par le *tropique du Capricorne*.

HISTORIQUE.

Le seul voyageur européen qui, au moyen âge, ait poussé ses excursions jusque dans ces parages est le célèbre *Vénitien Marco Polo* qui appela cette île *Madeigascar*. Elle fut visitée de nouveau en 1506 par les Portugais *Ruy Pereird* et *Tristan d'Acunha* qui lui donnèrent le nom de *Saint-Laurent.*

Les *Portugais,* ne connaissant pas les nombreuses richesses de cette île, ne profitèrent point de cette découverte et n'y abordèrent que rarement.

Néanmoins quelques traitants et des prêtres portugais vinrent s'y établir; mais n'étant pas soutenus par leur gouvernement ils furent chassés ou massacrés. Cet événement fit cesser complètement les rares relations qui existaient entre le Portugal et l'île. C'est alors que les Français songèrent à se diriger de ce côté.

Le 24 juin 1642 la souveraineté de la France sur Madagascar (que l'on nomma île *Dauphine*) s'affirma, et en 1686 un édit la déclara une dépendance de la couronne. Du reste les droits de la France furent reconnus par les traités de 1815.

Radama II, roi des *Hovas,* en 1862 avait accordé une vaste concession de terre à un Français, nommé *Lambert;* mais il fut assassiné peu de temps après et remplacé par son épouse Rabodo qui, proclamée *reine de Madagascar* sous le nom de *Ranavolo II,* refusa la concession accordée par *Radama.*

Après différents traités de commerce et autres, faits dans l'intérêt de nos nationaux qui y avaient fondé des établissements, la France en 1868 conclut un nouveau traité dont les violations, non moins fréquentes que pour les précédents, amenèrent la question de Madagascar, qui va se résoudre incessamment. Sa position à l'entrée de l'Océan Indien, près de la côte africaine, ses belles rades, sa grandeur, l'abondance de ses productions en font une des parties les plus intéressantes de l'Afrique.

GÉOGRAPHIE PHYSIQUE

Côtes et Iles.

On estime l'ensemble des côtes de Madagascar à 3.400 k. m.

Elle est entourée de plusieurs îles, parmi lesquelles on remarque : sur la côte Est, *Sainte-Marie ;* sur la côte Ouest, *Nossi-bé*, et ses dépendances, *Nossi-Cumba, Nossi-Mitsiou;* les îles de la *Réunion* et *Maurice* qui sont situées à l'Est de Madagascar, la première à 150 lieues marines et la seconde à 190. Dans la partie Nord du canal de Mozambique, non loin de Madagascar, se trouve l'archipel des *îles Comores*, dont l'une, *Mayotte*, est une possession française.

Au Nord de la grande île vers le 10° latitude Sud, on trouve aussi les *Amirantes* et les *Seychelles.*

Golfes ou Baies.

Côte occidentale. — Cette côte renferme des baies nombreuses et profondes dont les principales sont : du Nord au Sud, les baies d'*Ambatou, Dalrymple* ou *Davalou*, *Passandava*, *Sauma-*

laza, *Narreenda*, *Mazamba*, *Bombetok*, *Bouëni*, *Cagembie*, *Bâli*, *Murder* et *Saint-Augustin*.

Côte orientale. — Baies de *Diego-Suarez*, *Rigny*, *Andrava*, *Antougil*, de *Sainte-Luce*, des *Galions* et *Androum*.

Ports.

Outre les baies citées ci-dessus qui peuvent servir de lieux de débarquement et d'abri aux navires, il existe encore un grand nombre de ports dont les principaux sont :

1° Sur la côte occidentale : *Tambouhourano* et *Tulléar* ou mieux *Tolia*.

2° Sur la côte orientale, du Nord au Sud :

Les ports *Louquez*, *Loven*, *Vohemare*, *N'Goney*, *Port-Choiseul*, *Tintingue*, *Pointe à Larrée*, *Fénérife*, *Foulepointe*, *Tamatave*, *Andevourante*, *Mahéla*, *Mananzari*, *Manambatou* et *Fort-Dauphin*.

Montagnes et Pics.

Madagascar est parcourue dans toute sa longueur, du Nord au Sud, par des chaînes de montagnes formant d'immenses plateaux, dont les contreforts allant en s'abaissant vers la mer donnent naissance à une succession de plates-formes secondaires.

Cette chaîne, triple du côté de la côte orientale, porte le nom de monts *Ambohistména*. Les crêtes de cette triple chaîne s'étendent toutes du Nord au Sud. Les deux principales sont séparées par la vallée de *Mangouro*.

C'est donc à tort que l'on a prétendu l'île de

Madagascar traversée par une simple chaîne de montagnes; cependant il faut reconnaître deux versants principaux, l'un à l'Est, l'autre à l'Ouest.

Trois rameaux principaux se détachent de la chaîne principale : l'un, au Nord, dans la province d'*Ankara*, qui ferme un des côtés de la baie d'*Antongil* jusqu'au cap *Baldridge;* le second, au centre, entoure la province d'*Ankora* sous les noms de monts *Ambolimiangara;* monts *Ankaratra*, dont les points culminants sont *Ambohimirandrana* (2.350 mètres d'altitude), *Ankavitra* (2.350 m.), *Tsiafakafo* (2.540 m.) et *Tsiafagavona* (2.590 m.); monts *Andragintra;* enfin, la troisième portant le nom de chaîne des monts *Ambohistmena.*

Nous rencontrons les pics de *Martahoola*, d'*Ambouith* dans l'Ankara et de *Tangouri* dans le Ménabé ; le pic d'*Ikiongo* d'une hauteur de 600 m. au-dessus du niveau de la mer, à 25 milles de la côte occidentale, dans l'Antatsimou.

Caps ou Pointes.

Les caps principaux sont :

Le cap d'*Ambre*, à la pointe Nord de l'île ;

Le cap *Saint-Sébastien* ou *Andramiza*, la pointe *Macluer*, les caps *Saint-André, Saint-Vincent,* sur la côte occidentale ;

Le cap *Sainte-Marie*, au Sud ;

Les pointes *Louquez*, *Loven*, les caps *Est*, *Baldridge*, les *pointes à Larrée*, *Rafalah* et *Ytapère.*

Lacs et Lagunes.

Les lacs les plus remarquables sont :

Les lacs *Kinkouni* dans le Bouéni ; *Safé* dans l'Ambougou; *Ima* dans le Ménabé; *Itasi* dans l'Ankova ; *Bahidranou* ou *Nossi-Vola* et *Amssana* dans l'Antsianaka.

Les principales lagunes sont :

Celles de *Nossi-bé*, près de Tamatave, d'*Iranga* de *Bassoua-bé* et de *Bassoua-Massaye*.

Fleuves et Rivières.

Nous pouvons citer en commençant par la côte occidentale, allant du Nord au Sud en contournant les côtes :

La *Soffia* qui se jette dans la baie de *Mazamba;* le *Betsibouka* grossi de l'*Ikoupa* dont l'embouchure forme le port de Bombetok ; le *Bâli* au fond de la baie du même nom; l'*Ounara;* la *Sizoubounghi,* le *Saint-Vincent* ou *Mangouki;* la *Féérègne* et *Ongn'lahé ;*

Au Sud nous trouvons la *Mandrera*. Sur la côte orientale du Nord au Sud : le *Tingbate* qui se jette dans la baie d'Antongil ; le *Mananhara*, le *Manangourou*, le *Vouibé*, l'*Ivondrou*, le *Mangourou* et le *Mananghara*.

GÉOGRAPHIE POLITIQUE ET COMMERCIALE

Division. — Races.

Les habitants de Madagascar se divisent en trois groupes principaux :

Les *Sakalaves* à l'Ouest; les *Hovas* ou *Ovas* au centre; les *Malgaches* proprement dits à l'Est. Chacun de ces groupes porte un nom particulier selon la province qu'il habite. Du reste, aujourd'hui l'on peut dire que l'île est séparée en deux parties distinctes, l'une sous la domination des *Hovas,* et l'autre indépendante, si toutefois l'on peut considérer comme indépendantes des peuplades sans gouvernement, sans cohésion entre elles, prêtes à fuir à l'approche du moindre groupe de Hovas.

L'île entière est divisée en 19 *provinces* dont, comme nous allons le voir, dix se trouvent sous la domination absolue des Hovas, les autres sont habitées par les Sakalaves et par une infinité de tribus.

Remarque : Les Hovas, dans leur prétention de dominer l'île entière, l'ont partagée en 22 provinces, considérant comme provinces certains villages importants qu'ils convoitaient.

DESCRIPTION DES PROVINCES

Ankara.

La province qui forme l'extrémité Nord de l'*Ile* est celle de l'*Ankara* dont le sol très fertile, d'une végétation luxuriante, est couvert de grandes et riches forêts. C'est la partie la plus remarquable au point de vue des facilités qu'elle offre pour la navigation; à l'Est, la baie *Diego-Suarez*, port magnifique, très sain, se divisant en belles rades: la baie *de Tonnerre* ou *Douvouch-Varats;* la baie des *Cailloux-Blancs* ou *Douvouch-Vatou-Foutchi;* la baie de l'*île du Sépulcre,* puis la grande anse du *Bivouac;* à l'Ouest, à la hauteur de la précédente, la baie *Ambavanibé* ou port *Liverpool* qui avec l'autre resserre tellement la partie Nord de Madagascar, que ces deux baies ne sont séparées que par un isthme large de 8 k. m.

Elle s'étend vers l'Ouest, du cap d'*Ambre* jusqu'à la *rivière Sambérano*, affluent de la baie de *Passandava*, vers l'Est, jusqu'à la baie d'*Antongil.* On y remarque en outre la baie de *Rigny*, le port *Louquez*, le port *Loven* et la baie de *Vohémare* ou *Vohimarina.*

Nous devons signaler en passant le fort naturel d'*Ambatouzah.*

La province d'Ankara, dont nous commençons la colonisation, produit du riz, manioc, maïs, patates, des fruits en abondance. Ses habitants portent le nom de *Antankares.*

Elle comprend plusieurs îles, devenues possessions françaises en 1841. La principale est *Nossi-bé*, et les autres, qui doivent être considérées comme ses dépendances, sont : *Nossi-Cumba*, *Nossi-Fali* et *Nossi-Mitsiou*.

Antanvarasti.

Cette province, est située sur la côte occidentale de Madagascar, au Sud de l'Ankara. Elle comprend : *Sainte-Marie*, nommée aussi *Nossi-Bourah* ou *Nossi-Ibrahim ;* elle est bornée au Nord par la rivière *Tingbate* qui la sépare de l'Ankara, à l'Ouest par les monts *Ambohistména*. On y remarque les ports de *Mananhara* et de *Choiseul* ou *Marancette ;* le village de *Tintingue*, ancien établissement français. A l'extrémité Sud de la baie de Tintingue, se trouve un promontoire appelé *Pointe-à-Larrée*.

L'*Antanvarasti*, dont les habitants portent le nom de *Antavaris*, a un sol très fertile qui donne d'abondants produits : froment, avoine, millet, orge, manioc, patates, toute espèce de légumes et de fruits tels que : bananes, cocos, ananas, figues, pêches, grenades, citrons, oranges, etc.

Betsimisaraka.

La *Betsimisaraka*, très fertile et très peuplée, située au Sud de l'Antanvarasti, est bornée au Nord par la rivière de *Marangourou*, le *Vouibé* et l'*Ivondrou*.

Elle est occupée par les Hovas.

Les principaux postes hovas sont :

Fénérife, *Foulepointe* ou *Voulu-Voulo* et la ville de Tamatave, naguère encore occupée par les

Hovas. C'est cependant la contrée la plus malsaine de l'île. Les habitants se nomment *Betsimisaracs*. Mêmes produits que dans l'Antanvarasti.

Betanimena.

Province très peuplée et hospitalière, séparée de la Betsimisaraka per l'*Ivondrou*, forme à peu près le centre de la côte orientale de Madagascar.

Elle est bornée à l'Ouest par les monts *Angavo*, et arrosée par le *Mangourou* qui la sépare de l'Antatsimou au Sud. Cette côte manque de port. On y remarque des villages très importants tels que *Andevourante*, *Vatoumandré*, *Maroussih*, *Manourou*, *Amboudehara*. Les habitants portent le nom de *Bétanimènes*, longtemps sous le joug des Hovas. Mêmes productions du sol.

Remarque : Manourou est l'un des points de la côte orientale d'où l'on monte le plus directement à *Tananarive*.

Itinéraire suivi par M. *Grandidier* :

De	Manourou à Betszaraina	5	milles
»	Betzaraina à Ambodifarana	8	»
»	Ambodifarana à Ambodiharamy	14	»
»	Ambodiharamy à Ambodihara	12	»
»	Ambodihara à Ambohitsara	16	»
»	Ambohitsara à Madio	14	»
»	Madio à Vahibola	8	»
»	Vohibola à Mahatsara	6	»
»	Mahetsara à Ambohitromby	10	»
»	Ambohitromby à Ankadilanana	8	»
»	Ankadilanana à Beparasy	18	»
»	Beparasy à Ambodinivongo	10	»
»	Ambodinivongo à Soatsimananpiovanana	12	»
»	Soatsimananpiovanano à Ambatomanga	6	»
»	Ambatomanga à Tananarive	16	»
	Total	158	milles

Antatsimou.

La province de l'*Antatsimou*, située au Sud de celle de Batanimena, est, comme la précédente, très peuplée et hospitalière ; elle est séparée de l'Antaimouri par la rivière *Mananzari* et bornée au N.-E. par le *Betsiléo*. Village principal : *Mahéla*. *Mananzari*, ancien établissement français, est à 12 k. m. plus bas. Au N.-E. de l'Antatsimou, sur la rive droite du Mangourou, se trouve le village de *Amboudéhar*, d'où vient le nom de Amboudéhara donné à la partie orientale de cette province dont on appelle les habitants *Ambahouakes*.

Les habitants de l'Antatsimou se nomment *Antitchines* ou *Antatsimos*.

Antaimouri.

Habitée par les *Anta'ymours*, cette province est bornée au N. par l'Antatsimou et le Besiléo ; à l'Ouest par le *Vourimou ;* au Sud par la rivière de *Mananghara*, qui la sépare de l'*Antarai*. Elle est baignée par le *Mananzari*, l'*Itapoule*, la rivière de *Matatane*, et celle de *Mananghara*.

Sa capitale est *Metatane ;* villages principaux : *Namouri*, *Faraon*, *Fifouané*. — *Faraon* ou *Faraouny* est un village de 800 cases bâti sur une île de la rivière de ce nom. C'est le plus considérable du pays, mais le chef réside à *Matatane*, bâti à 1 h. 1/2 de l'embouchure de la Matatane sur une île de cette rivière. Les Français y eurent jadis un établissement.

Antarai.

Au Sud de l'*Antaimouri,* à l'Est du *Voumirou,* au Nord du *Machicora* et de l'*Anossi*, cette province est arrosée par les rivières de *Manang-hara,* de *Manainboundre,* et de *Chandervinangue.* Villages principaux : *Zambattra*, *Lambalac* et *Manamboundre. Sandravinany* est un des lieux les plus remarquables du pays.

Les habitants se nomment les *Antarayes.*

Anossi.

On appelle ainsi la province la plus au Sud de la côte occidentale ; c'est la première où les Français fondèrent des établissements coloniaux. Elle est bornée au N. par l'Antarai, à l'Ouest par le Machicora et l'Androui , et traversée par les monts Ambohistména. Province très fertile et très saine.

Les villages importants sont : *Manambatou, Amboule* et *Fort-Dauphin.* Sur la côte, se trouve la baie de *Sainte-Luce* ou *Mangafiata*, premier établissement français. La partie occidentale de l'*Anossi* comprend la vallée d'*Amboule ,* riche non seulement des productions communes à toute l'île , mais encore de clous de girofle et d'autres épices, ainsi que de citrons d'espèces diverses.

Habitants : *Antanosses.*

Androui ou **Androy.**

Comprise entre celles d'Anossi, de Machicora

et de Mahafali, cette province, habitée par les *Androuis*, occupe la partie la plus méridionale de l'île. Ses côtes n'offrent aucun port. La seule rivière importante qui la traverse est la *Mandrera*. Peu fertile, population peu nombreuse, pauvre, sauvage et divisée en une foule de petits Etats.

Mahafali.

Bornée à l'Est par la rivière *Menerandra* qui la sépare de l'Androui, au Nord par la rivière d'*Ongn'lahé* ou *Darmouth* qui la sépare du Fééregne, cette province peu connue s'étend à l'Est jusqu'au Machicora; elle est habitée par trois peuplades portant les noms de *Befanami*, *Mitriahs*, et de *Zafi-Andatchiaonti* que l'on comprend sous le nom générique de *Mahafales*.

Fééregne.

La province du *Fééregne*, comprise entre la rivière d'*Ongn'lahé* et la rivière *Saint-Vincent*, est traversée par les rivières *Manambo* et *Fééregne*. Les ports principaux sont : le port *Tolia* ou *Tulléar* et la baie *Saint-Augustin*. Les habitants, portent le nom de *Andraïvoulas*.

Ménabé.

Au Nord de la rivière de Saint-Vincent commence le pays habité par les Sakalaves; il s'étend jusqu'à la baie de Passandava et se divise en 3 provinces : le *Ménabé*, l'*Ambougou* et le *Bouëni*.

Le *Ménabé* a pour limites au Nord, la rivière d'*Ounarah*, à l'Est les monts *Ambohimiangara* et la province de Betsiélo.

Les principaux cours d'eau qui le parcourent sont : les rivières de *Manambaho* ou *Mantao*, de *Douko*, de *Manemboule*, de *Sizoubounghi* et de *Mouroundara*.

Les Hovas y avaient établi plusieurs postes dont les principaux sont : ceux de *Bediatsa*, *Ankofouti*, *Manen'daza* et *Malaibandi*.

Ambougou.

Cette province sakalave, au Nord de la rivière d'Ounarah, est comprise entre le Ménabé au Sud, l'Antsianaka à l'Est, et le Bouëni au Nord. Ses principaux cours d'eau sont : les rivières *Bâli*, *Manombo* et *Sambaho*.

Elle se divise en quatre districts : le *Marah*, le *Milanza*, le *Namouraka* et le *Bâli*.

Capitale du royaume sakalave : MANGOULOU.

Bouëni.

La province de *Bouëni*, bornée au Sud par l'Ambougou et l'Antsianaka, à l'Est par les monts Ambohistmena et l'Antanvarasti, au N. par l'Ankara, est l'une des plus importantes provinces sakalaves. C'est le point de débarquement pour ceux qui, du canal de *Mozambique*, veulent pénétrer jusqu'à *Tananarive*; v. pr. *Kiakombi*. On y trouve la baie de Bouëni, à l'entrée de la–

quelle on remarque l'île *Makambi*, la grande baie de *Bombetok* qui reçoit le *Betsibouka*, le fleuve le plus important de l'île, la baie de *Mazamba*. Villes principales : *Majunga* et *Mazangaye*.

Itinéraire de Mazangaye à Tananarive.
(234 milles)

De	Mazangaye à Marovoay	30	milles
»	Morovoay à Trabongy	16	»
»	Trabonjy à Ankoala	13	»
»	Ankoala à Antsaalankely	17	»
»	Antsahalankely à Antongodrahoja	25	»
»	Antongodrahoja à Sinko	15	»
»	Sinko à Ambadiamontana	16	»
»	Ambadiamontana à Ambarimansy	15	»
»	Ambarimansy à Ambakireniavaratra	11	»
»	Ambakireniavaratra à Tsarahafatra	11	»
»	Tsarahafatra à Antramoniantra	7	»
»	Antramoniantra à Vohilena	10	»
»	Vohilena à Marovato	11	»
»	Marovato à Tsarasaotra	9	»
»	Tsarasaotra à Ambohimanga	18	»
»	Ambohimanga à Tananarive	10	»

Antsianaka.

Nous venons de voir les provinces qui longent les côtes de l'île ; au centre de ces provinces on en compte cinq autres dont les trois premières appartiennent aux Hovas. La capitale est *Ambatondrazaka*. L'*Antsianaka*, traversée dans toute sa longueur par l'*Ikoupa*, est une province située entre celles de Bouëni, de Betsimisaraka, d'Ankora et d'Ambougou. On y trouve l'île de *Nossi-Vola*, située au milieu du lac de ce nom. C'est un centre industriel très important. On appelle les habitants *Antsianacs*.

Ankova.

L'*Ankova*, province montagneuse, dont les différentes collines forment des plateaux nombreux au centre desquels se trouve celui de l'*Emirne*, a pour limites : à l'Est, les monts *Angavo* qui la séparent de la province de Bétaniména; au Sud, les monts *Ankaratra*, frontière septentrionale de la province de Betsilio ; à l'Ouest les monts *Ambohimiangara ;* et au Nord les monts *Andraginta.*

Capitale du royaume des Hovas : TANANARIVE, qui, avec sa banlieue, possède environ 100.000 h. suivant l'ingénieur *Laillet.* Sur l'un de ces plateaux se trouve le lac d'*Itasi.*

Les habitants de l'Ankova sont nommés *Hovas.*

Au point de vue politique, l'*Imérine* ou *Emirne* peut se diviser en dix districts. Au Nord *Anativolo* et *Vonizongo.* Dans l'Est, *Avaradrano* et *Vakinisisaony.* Au Sud, *Vakinankaratra.* Dans l'Ouest *Mandridano* et *Valalafotsy.*

Ces districts, qui sont limitrophes du pays des Sakalaves, sont peu peuplés. Au centre se trouvent *Imarovatana, Ambodirano* et *Imano.*

Le district de *Vouizongo* se subdivise en neuf cantons. Les villes principales sont : *Soavina, Fihaonana, Fihambazana, Fiarenana, Ankazobé,* etc.

Le district d'*Avaradrano* se subdivise en quatre cantons : 1° celui des *Tsimahafotsy ;* 2° celui de *Mandiavato;* 3° celui des *Tsimiambolahy*, et 4° celui des *Voromahery.* Les villes principales sont : *Antananarive* ou *Tananarive* qui est la capitale du royaume *hova, Ambohimanga, Ambohitrabiby, Namchana, Ilafy, Ilazaina, Imerimandroso, Ambohitrandriana, Ambohipeno, Ambatomanga, Amboatany, Ikiamby, Miarinarivo, Ambohiniaza, Ambohitrondrana.*

Le district de *Vakinisisaony* se subdivise en treize cantons. Les villes principales sont : *Alasora, Tanjombato, Ambohijanakâ, Ankadivoribé, Ampahitrosy, Tsiafahy, Andromasinâ, Bekenjy, Ampandrano, Merimanyaka, Hiaranandriana, Ambatomanga*, etc.

Le district de *Vakinankaratrâ* se subdivise en dix-huit cantons. Les villes principales sont : *Antsirabé, Antoby, Betafo, Jarivo, Imanandrianâ, Ambositra*, etc.

Le district d'*Imarovatanâ* se subdivise en huit cantons. Les villes principales sont : *Fenoarivo, Ambohijafy, Kingory, Ambohimanga, Ambohimandry, Miansoarivo, Androibe, Antsahadinta, Vatonilaivy, Ambohibelana*, etc.

Les villes principales du district d'*Imamo* sont : *Arivonimamo, Manazary, Miaranarivo, Ambohitrany, Ambohipolo*, etc.

Tananarive couvre trois collines allongées du Nord au Sud ; elle contient environ 20.000 maisons et plus de 100.000 habitants, dit-on.

Betsiléo.

Cette province est comprise entre l'Ankova au Nord, l'Antatsimou à l'Est, l'Antaimouri et le Voumirou au Sud, le Ménabé à l'Est. Le village principal est *Ambatou-Ména*. La capitale est

Fianarantsao, bâtie sur une hauteur et composée d'une centaine de cases. Habitants : les *Betsiléos* ou *Hovas du Sud.*

Voumirou et Machicora.

Il ne nous reste plus qu'à parler des provinces du *Voumirou* et du *Machicora;* la première bornée à l'Est par les monts Ambohistmena qui la séparent du Féérégne ; la seconde, au Sud du Voumirou, a pour bornes : au Nord-Est l'Anossi, au Sud l'Androui, à l'Ouest le Mahafali et le Féérégne. Ces provinces, très peu connues, sont habitées par des peuples pauvres et sauvages, privés de la moindre civilisation. Les premiers sont les *Vourimes* et les autres les *Machicores*. Ils sont réunis aujourd'hui par les ethnographes sous le nom générique de *Bares*. Leur capitale est un grand village appelé *Monongabé,* composé de 700 à 800 cases solidement construites. Il est fortifié à la manière des Malegaches et traversé par un bras de la rivière Mananghar.

PRODUCTIONS DE L'ILE

Productions minérales : Houille, fer, cuivre, plomb, étain, mercure, manganèse, or, cristal de roche, marbre, agates, ambre, sources thermales.

Productions végétales : Riz, blé, orge, maïs, manioc, patates, ignames, légumes de tous genres, etc.

Canne à sucre, café, coton, gomme, caoutchouc, cacao, poivre, gingembre, cubèbe, curcuma, tabac, etc.

Bananes, ananas, figues, oranges, pêches, grenades, citrons, cocos, raisins, etc.

Bois d'ébène, de palissandre, etc.

Productions animales : Le zébu (bœuf à bosse), le bouri (bœuf sans cornes), le mouton, l'âne et la chèvre. Pas de chevaux.

Volailles innombrables, abeilles, vers à soie.

Les rivières sont très poissonneuses.

Animaux sauvages : Sanglier, chat sauvage, maki (espèce de singe), l'aye-aye (sorte de gros écureuil), le tenrec (sorte de hérisson).

Les oiseaux y sont très nombreux ; pétrels, frégates, albâtros visitent continuellement Madagascar ; le phaëton et le grèbe s'y rencontrent. Les canards, sarcelles, poules d'eau, poules sultanes, railes, hérons, ibis, bécassines, pintades, perdrix, cailles, coucous, etc., etc.

Reptiles : Serpents non vénimeux, caméléons, tortues de mer, crocodiles, etc., etc.

Insectes : Il s'y trouve une araignée, appelée *fouka*, dont la morsure est mortelle ; moustiques, cousins, saûterelles, puces, etc.

Commerce.

Le commerce est très important sur la côte orientale avec l'île Maurice, l'île de la Réunion, et les Seychelles, en bœufs et en riz ; avec l'*Europe*, peaux de bœufs, copal, caoutchouc et le riz ; avec la côte de Zanguebar et les îles Comores, peaux de bœuf, tortues, bois d'ébène et de palissandre, cire, etc., etc., qu'ils échangent pour des cotonnades, indiennes, poudre, fusils à pierre, faïence grossière, etc., etc .

Industrie.

Chez les *Malegaches* l'industrie est peu développée, elle consiste à tisser des étoffes avec la feuille du rafia, des nattes avec du jonc et des chapeaux avec des fibres d'arbres.

Chez les *Hovas*, elle est plus avancée. On façonne les métaux, tisse des étoffes, fabrique de magnifiques lambas en soie brodés artistement.

L'industrie du bâtiment est dans l'enfance; leurs cases ou huttes sont construites en joncs ou en terre.

Caractères.

Les *Hovas*, peuplade belliqueuse et aguerrie, active et barbare, sont nos ennemis.

Les *Malegaches* proprement dits, tyrannisés cruellement par les Hovas, ne cherchent qu'une occasion d'échapper au joug de ces derniers. Nous avons tout à attendre d'eux.

Quant aux *Sakalaves*, ils sont dans un état tel de sauvagerie qu'on n'a pas à redouter d'eux quoi que ce soit; ils sont intelligents et aptes à recevoir la civilisation.

Mœurs.

Les Malegaches sont polygames, ils se marient et se démarient quand cela leur convient, sans la moindre cérémonie. Ils dansent et chantent aussi bien en signe de réjouissance qu'en signe de deuil.

Religion.

Ils ne professent en général aucun culte ; mais ils ont une grande vénération pour leurs ancêtres.

Gouvernements.

Le gouvernement *hova* est un gouvernement *absolu* qui est tout entier entre les mains du premier ministre, depuis que le trône est occupé par une femme, *Ranavalo II*. Il a une armée d'environ 35.000 *hommes ;* mais ni payés ni nourris et par conséquent obligés les uns et les autres de travailler pour vivre ; il serait difficile de les réunir tous à un moment donné. Aucune marine ; pas un seul navire, grand ou petit.

Il y a une foule de petits rois qui ont aussi une autorité absolue sur leurs sujets dans la partie indépendante. Ceux-ci n'ont pas d'armée régulière, tout homme ne sort jamais sans être muni de son fusil et de sa sagaye.

Parmi ces rois et ces reines, nous nommerons d'abord ceux et celles qui vivent sous le protectorat de France, tels que *Binao,* reine de *Bavatoubé ; Outsingou,* reine de *Rabouki ; Mounza,* roi d'*Ankify* et de *Sambirano ; Tsimiharo*, roi de *Nossi-Mitsiou ; Triahouan*, roi de l'*Ambougou ; Naromée,* reine d'une partie du *Ménabé ; Iboine*, roi des *Sakalaves* du *Bouéni ; Soumonga,* roi de *Morombé*, assassiné récemment par les *Bares ; Toueyre,* roi des *Antimènes ; Réandi*, roi des *Bares*. Aux environs et au delà de la baie Saint-Augustin nous trouvons *Lahi-*

meriza, roi de *Tulléor*; *Tafara*, roi des *Mahafales*; *Laï-Salam*, roi d'*Itmpoul* et de *Langrano*; et quelques autres qui, comme les précédents, ont des traités avec la France. Les droits de ces rois sur les îles et les provinces qu'ils nous ont cédées ne font doute pour personne, pas même pour la reine des Hovas, qui n'a quo la prétention de les conquérir.

POPULATION.

La population totale de l'île est estimée à environ 5.000.000 d'habitants.

II. — SAINTE MARIE DE MADAGASCAR

L'île de *Sainte-Marie de Madagascar* appelée aussi *Nossi-Bourah* ou *Nossi-Ibrahim* par les Malegaches, occupée par la France depuis 1750, est située en face de *Tintingue* et de la *Pointe à Larrée*, à 4 ou 5 kilomètres de cette dernière, par 16° 45 de latitude Sud et 48° 15 longitude Est. Cette île a une forme oblongue de (48 k. de longueur sur 5 ou 6 de largeur) et possède environ 7.000 habitants dont les 9/10 sont des Malegaches réfugiés et chassés de Madagascar par les Hovas. C'est une étroite bande de terre dirigée obliquement du Nord-Nord-Est au Sud-Sud-Ouest parallèle à la côte de la *Grande-Terre* (Madagascar est ainsi nommée par les habitants des îles environnantes). Elle est divisée par un bras de mer en deux parties dont la plus petite, appelée Ile aux nattes ou Ilot, peut avoir 8 k. m. de tour.

Protégée du côté de l'Océan par une ligne de récifs, qui en rendent l'accès difficile, elle possède une bonne rade dont le port est appelé *Port de Sainte-Marie* ou *Port-Louis ;* cette rade est située sur la côte occidentale et son entrée défendue par l'îlot *Madame* qui est fortifié. Au milieu même du Port-Louis, au Sud-Est de l'Ilot Madame, s'élève un îlot rocheux et stérile appelé *Ile aux Forbans ;* une jetée en pierres sèches le réunit à la côte Sainte-Marie. On trouve encore de bons mouillages sur plusieurs autres points de la côte occidentale, notamment dans la baie de *Lokensy*. Le canal qui sépare Sainte-Marie de l'île de Madagascar n'est qu'une rade continue, vaste et sûre.

L'île est arrosée par une petite rivière, l'*Andza*, qui prend sa source au Nord du village de *Tsasifouth* dans la forêt de *Kalalou*, et dont l'embouchure est au fond du Port-Louis ; un deuxième bras traverse la forêt de Kalalou sous le nom de rivière de *Tsasifout ;* un troisième sous le nom de rivière *Lamaoun* se jette à la mer à l'Ouest de Sainte-Marie. Enfin l'*Ankivir*, quatrième bras, qui se trouve dans le Nord-Ouest de l'île.

En face l'îlot Madame se trouve la ville principale, composée d'une série de maisons en bois, s'élevant en amphithéâtre et entourées toutes d'un grand jardin. A l'Ouest de cette ville européenne se trouve le village malegache d'*Ambo-*

tifothre. A l'Est de cette même ville est construit le village d'*Ambarouthsoumouth,* qui contient l'église et l'habitation des Pères Jésuites, ainsi que les écoles de garçons et de filles. Au dessus se dresse le fortin bâti en vue de la défense de l'île et destiné en même temps à servir de caserne aux troupes.

L'île contient 4 grandes forêts principales :

1° A la pointe Nord la forêt d'*Amboudiane ;*

2° Au centre, sur la côte occidentale, la forêt de *Kalalou ;*

3° Au centre, sur la côte orientale, la forêt d'*Ampatse ;*

4° Plus au Sud, sur la côte orientale, la forêt de *Marandia.*

L'île est un des endroits les moins appropriés à la fondation d'une colonie. Peu élevé au-dessus du niveau de la mer, son sol est très humide et peu productif. Certaines parties marécageuses y donnent naissance à des fièvres très dangereuses. Néanmoins on compte dans cette île 32 villages de huttes faites de bois ou de nattes. Ces villages sont répandus sur le littoral et dans l'intérieur ; ils comptent 7.200 habitants. Les principaux après *Ambotifothre* et *Ambarouthsoumouth* sont : du Sud au Nord *Vaibatou* dans l'île aux nattes ; *Vouélava*, *Tamirante*, *Mangalimassou*, *Fitaria*, *Amboudifouth*, *Angalaratsi*, *Tsasifouth*, *Ambatou-rao*, etc.

Productions. — Fer en abondance, chaux, pierres, terre à brique, riz, maniocs, haricots, patates, ignames.

INDUSTRIE. — Exploitation du caoutchouc; fabrication de sucre.

COMMERCE. — L'île de la Réunion fournit à Sainte-Marie la plupart des objets qui lui sont nécessaires, sauf le riz et les bœufs qui viennent de Madagascar.

N. B. C'est par la Réunion que Sainte-Marie communique avec la France. Un service mensuel de bateaux est établi pour se rendre de Sainte-Marie à la Réunion; on compte 3 à 4 jours selon la saison.

ADMINISTRATION. — L'île de Sainte-Marie est une dépendance de la Réunion, suivant décret du 27 octobre 1876. Le commandement en chef est confié à un commandant particulier, placé sous l'autorité du gouverneur de la Réunion.

III. — MAYOTTE

Comme nous l'avons vu dans la deuxième partie de cet ouvrage, parmi les îles Comores, la France en possède une du nom de ***Mayotte***. Cette île qui nous fut cédée en 1843 se trouve au Sud-Est du groupe par 42° 59 longitude Est, 12° 50 latitude Sud, elle a une forme allongée du Nord au Sud. Sa surface est d'environ 32.000 hectares. Placée à 300 lieues environ de la Réunion, on peut faire la route qui sépare ces deux îles en six ou sept jours pendant la mousson Sud-

Est, le retour ne demandant pas moins de trente jours pendant cette même mousson.

Elle est entourée de toutes parts d'une ceinture de récifs formée par plusieurs bancs de corail laissant cependant passage aux navires. L'espace compris entre cette ceinture de récifs et l'île renferme plusieurs îlots, tels que ceux de *Pamanzi*, de *Dzaoudzi*, de *Boutzi* et de *Zambourou* qui offrent d'excellents mouillages.

Les côtes sont très découpées par une foule d'anses et de baies telles que : les baies d'*Andrema*, de *Longoni;* les anses *Choa, Ironi, Debeney, Ajangua, Amoro, Bandeli, Bambo, Miambani;* les baies *Cani, Boëni, Ioungoni, Chingouni* et *Soulou.*

L'intérieur est dominé par une chaîne de montagnes dont plusieurs sommets sont assez élevés. L'un d'eux, Manéguani, mesure 440 m. au-dessus du niveau de la mer.

POPULATION. — La population de *Mayotte* est d'environ 12.000 habitants, composée de noirs de race arabe, de Sakalaves et de Français ; ils sont doux et faciles, mais paresseux.

PRODUCTIONS. — La plupart des montagnes sont couvertes de forêts dans lesquelles on trouve le badamier et le takamaka. Les cocotiers, les bananiers, les orangers, les citronniers, les tamariniers et les goyaviers abondent à l'état sauvage ; la canne à sucre, le coton, le café, le tabac croissent spontanément. Le riz, la patate, le maïs, l'igname, le melon d'eau viennent très bien.

Cire, miel, oiseaux aquatiques et tortues de

mer y abondent. Mayotte possède une vingtaine de sucreries.

Chef-lieu. — Le chef-lieu est le village de *Dzaoudzi*, situé sur l'île du même nom.

L'île de Mayotte, avec un climat un peu plus salubre, réunirait toutes les conditions nécessaires pour devenir un jour une colonie florissante.

Administration. — Cette île est administrée par un commandant relevant directement du ministre de la marine et des colonies. Il habite le chef-lieu *Dzaoudzi* qui est un port excellent et bien fortifié.

L'île de Mayotte est mise en communication avec la métropole par un service mensuel français qui se relie à la grande ligne des *Messageries maritimes de Marseille, la Réunion, Nouméa.*

IV. — NOSSI-BÉ

Nous avons dit plus haut que la province d'Ankara comprend plusieurs îles devenues possessions françaises : *Nossi-bé, Nossi-Cumba* et *Nossi-Mitsiou*, entourées elles-mêmes de quelques îlots insignifiants tels que *Nossi-Fali, Nossi-Tanya, Sakatia, Tani-Keli*, etc.

Nossi-bé, la principale, a une longueur de

22 km. sur 15 km. de largeur. Elle tire son importance de ses baies profondes et de sa position au Nord-Ouest de Madagascar, dont elle n'est séparée que par un détroit de 10 km.; elle est en outre située à 240 km. Nord-Ouest de Mayotte.

C'est une île d'origine volcanique sur laquelle s'élèvent trois groupes de montagnes. L'un, au centre, présente un sommet, le *Tané-Latsak,* dépassant 500 m. de hauteur, il est entouré de sept lacs de forme circulaire qui dorment au fond d'anciens cratères et qui sont peuplés de caïmans. Le groupe du Nord comprend des pics aigus d'où sort la rivière *Djamarango.* Dans la partie méridionale se trouve la montagne *Loucoubé* dont le point culminant est élevé à plus de 600 m. au-dessus du niveau de la mer.

L'île est arrosée par un certain nombre de ruisseaux ; par la rivière *Djabala* qui coule à l'Ouest et traverse une plaine fertile et un marais de palétuviers pour venir se jeter dans la mer à peu de distance d'*Hellville,* port et capitale de notre colonie (6.000 habitants), et par l'*Adrian* qui coule à l'Est.

La rade d'*Hellville,* quoique peu étendue, est un mouillage sûr, abrité des vents du large et la mer y est constamment belle. L'eau douce des environs ne s'y rencontre malheureusement pas en assez grande quantité pour suffire aux besoins des bâtiments. Au fond de cette baie se trouve un bras de mer qui conduit au pied du village d'Hellville. Les autres mouillages sont ceux de la pointe *Ambournerou,* de l'île *Sakatia,* de *Bé-Foutaka,* de la baie *Vatou-Zavavi,* de la baie *Linta,* et enfin celui de l'île *Tandraka.*

Ses rivages ombragés de cocotiers, de bambous, d'acacias et de manguiers, sont plantés de caféiers et de cannes à sucre; mais l'intérieur ressemble à un désert. On y rencontre cependant un certain nombre de villages, tels que celui des Sakalaves, de Betsimisaracs, de Linta, de Silla, etc. etc.

Population. — La population, composée en grande partie de Sakalaves, est d'environ 10.000 habitants.

Climat. — Le climat est très peu différent de celui de Mayotte, mais cependant peut-être plus sain.

Productions. — Riz, maïs, manioc, patates, canne à sucre, caféier.

Industrie. — Nulle, à l'exception de celle du sucre. On y compte 14 sucreries.

Administration. — L'île est placée sous l'autorité d'un commandant relevant directement du ministre de la marine et des Colonies; il est assisté d'un conseil d'administration.

V. — NOSSI-CUMBA

L'île de *Nossi-Cumba,* au Sud-Ouest de Nossi-Bé, à une distance de 2.600 m. de cette dernière, affecte la forme d'un pâté rond à sa base et qui a deux sommets. Ce sont deux masses rocheuses qui la surmontent. Son sol est en général fertile, quoique très boisé et occupé par de profonds ravins. La végétation est magnifique dans les vallons qui bordent la côte. Les plus grands villages se trouvent dans la partie méridionale de l'île.

VI. — NOSSI-MITSIOU

Nossi-Mitsiou ou *Minou* (île du milieu) a la forme d'un V dont l'un des côtés serait, en longueur, le double de l'autre. Elle n'a pas grand intérêt ; car elle est presque stérile, peu boisée et manque totalement d'eau.

L'ouverture qui fait face au Nord a dans son milieu un énorme îlot de forme ronde, presque carrée par son sommet, qui est le point le plus élevé de l'île ; on le nomme *Ancaréa.*

VII. — NOSSI-FALI

Nossi-Fali est située à huit milles dans l'Est de Nossi-Bé. La partie du Nord est montueuse, assez fertile et couverte d'arbres de toute espèce. Nossi-Fali produit du riz en assez grande quantité et paraît susceptible de culture.

VIII. — OBOCK

Je ne puis terminer cette étude sans parler d'un village maritime qui appartient à la France depuis 1862 et dont la possession insignifiante pour nous jusqu'à présent, devient très importante par sa situation depuis le percement de l'*Isthme de Suez*. Je veux dire Obock.

C'est un port assez étendu et bien abrité au fond du *golfe d'Aden* à l'entrée du détroit de *Bab-el-Mandeb*, sur la côte du *Somal*, en face le port d'Aden qui appartient aux *Anglais*.

Malgré son peu d'importance territoriale, il présente de grands avantages au point de vue commercial et stratégique.

Pour le commerce, c'est le débouché de tous les produits de l'*Abyssinie* et du *Somal*; pour les navires, c'est un point de relâche, un dépôt de charbon; pour la marine de l'Etat, c'est un point fortifié sur la route des colonies asiatiques, un refuge pour ses vaisseaux et une défense contre *Aden*. Aussi, pour assurer à nos navires libre passage sur la *route des Indes* par le détroit, le gouvernement français a-t-il compris la nécessité d'occuper et de fortifier sérieusement ce port qu'il avait presqu'abandonné.

Le port d'*Obock* est entouré de hautes falaises qui le protègent presque complètement des vents de l'Ouest et du Nord. Il offre deux mouillages distincts, bien abrités par les bancs de corail s'étendant de l'Est à l'Ouest, de sorte qu'il a deux entrées qui permettent aux navires d'y pénétrer par tous les vents.

Nous devons donc, dès maintenant, le considérer comme une place forte et un port de mer appelé à rendre de très grands services à la marine et au commerce français.

QUATRIÈME PARTIE

ILE DE LA RÉUNION

> Belle dans ton repos, belle dans ton délire,
> O nature africaine ! ô mon île ! ô Bourbon !
> Je t'admire et je t'aime ; et toujours sur ma lyre
> Résonnera ton nom. (G. Couturier.)

Historique. — Comme nous l'avons déjà vu dans la 2e partie de ce petit traité, l'Ile de la Réunion est une des principales îles *Mascareignes.* Elle fut découverte en 1545 par le Portugais *don Pedro de Mascarenhas*, d'où lui vint son premier nom : île *Mascareigne.* En 1642, elle fut occupée par les Français qui lui donnèrent le nom d'île *Bourbon.* Pendant la Révolution, on changea en 1793 le nom d'île *Bourbon* en île de la *Réunion.* En 1814, on rétablit le nom d'île *Bourbon*, et enfin, en 1848, on l'appela de nouveau île de la *Réunion*, dénomination qu'elle conserve encore aujourd'hui.

Situation géographique. — L'île de la *Réunion* est située dans l'Océan Indien ou mer des Indes entre 52° 56′ et 53° 12′ longitude E., et 20° 50′ et 21° 20′ S. à 100 milles marins de l'île Maurice, 400 milles de Madagascar, à 2.400 milles du Cap de Bonne-Espérance, à 3.300 milles de Pondichéry, à 9.600 milles du Hâvre par le Cap, à 7.800 par l'isthme de Suez, à 9.600 de Marseille par la voie du Cap, à 6.200 par la voie de Suez.

Configuration. — L'île a une forme elliptique qui s'allonge du Nord-Ouest au Sud-Est. Le développement des côtes est d'environ 207 k. m.; le grand axe de l'ellipse, c'est-à-dire la longueur de l'île, de la Pointe des Galets à celle d'Ango, est de 71 k.; le petit axe, de Saint Pierre à Sainte-Suzanne, 50 k.; sa superficie est de 260.000 hectares, et sa population d'environ 180.000 habitants.

Orographie. — Le grand axe de l'île est occupé par une chaîne de montagnes qui la partage en deux parties, improprement appelées : Partie du Vent, et Partie Sous-le-Vent. Ces montagnes forment deux groupes bien distincts, reliés par un vaste plateau, à l'altitude de 1.600 m. au-dessus du niveau de la mer et qui porte le nom de *Plaine des Cafres*.

Le massif occidental, qui constituait à lui seul l'île primitive, a pour point culminant le *Piton des Neiges* (3.069 mètres). Ce massif était jadis occupé par des cratères dont on reconnaît encore la trace; l'activité volcanique ne s'y manifeste plus que par de nombreuses sources thermales. L'autre massif, relativement récent, occupé par le volcan, a pour sommet le cratère *Bory*, très voisin du cratère Brûlant, et dont l'altitude est de 2.625 mètres.

Les laves qui s'échappent du volcan s'écoulent dans un cirque en fer à cheval, nommé l'*Enclos*, et dont la partie voisine de la mer porte le nom de *Grand-Brûlé.*

GÉOGRAPHIE PHYSIQUE

Golfes, Baies, Anses et Criques.

Les côtes de la *Réunion* sont mauvaises, découpées, et ne présentent aucun port sérieux et naturel dans tout leur contour; il n'y a que des rades foraines peu commodes pour l'atterrissage et d'une tenue difficile. L'on n'y trouve donc aucun renfoncement de nature à porter le nom de golfe ou de baie; bien que, cependant, on ait appelé *baie* la *crique du Butor*, où viennent souvent des navires au mouillage.

Mais les anses ou plutôt les criques sont assez nombreuses :

1° Sur la côte orientale :

L'anse *du Sac* et l'anse *des Cascades*, les criques de *Saint-Benoît* et de *Sainte-Rose.*

2° Sur la côte méridionale :

Les criques de *Saint-Philippe*, *Saint-Joseph* et *Saint-Pierre.*

3° Sur la côte orientale :

Les criques de *Saint-Leu, Saint-Gilles* et *Saint-Paul.*

4° Enfin, sur la côte septentrionale :

La *baie du Butor* ou anse de *Saint-Denis* et la crique de *Sainte-Marie.*

Ports et Rades.

Les ports sont au nombre de deux :

Saint-Paul (à la pointe des Galets) et *Saint-Pierre.*

Les rades principales sont : la rade de *Saint-Denis,* la baie *du Butor*, les rades de *Sainte-Marie*, *Sainte-Suzanne, Bois Rouge,* et *Champ Borne* (commune de Saint-André), du *Bourbier,* près de *Saint-Benoit, Sainte-Rose, Saint-Pierre, Saint-Leu, Saint-Gilles, Saint-Paul,* la *Pointe* des Galets, et la Possession.

Montagnes, Pitons, Mornes.

L'Ile de la Réunion est divisée naturellement en deux parties par l'arête générale des montagnes, qui prend du bord de la mer à la ravine de la *Grande-Chaloupe*, entre Saint-Denis et la Possession, et va se terminer à la mer, au centre du *Grand-Brûlé.* Cette arête passe par les sommets de la Possession. ceux des plaines d'*Affouche* et des *Chicots,* par les crêtes du *Cimandef* et du *morne de Fourche,* suit les pitons du *Gros-Morne* et des *Neiges*, les sommets de l'*Entre-Deux*, des plaines des *Cafres,* des *Remparts*, et des *Sables;* puis enfin franchit le sommet du grand cratère, celui du *Cratère brûlant* et le centre des Grandes Pentes.

Ces chaînes forment trois *cirques* et un *enclos:* Les cirques de *Salazie,* d'*Aurère* (plateau de Mafate), de *Cilaos* et l'*enclos du Volcan.*

Le *Cirque de Salazie* dont le périmètre oriental se prolonge jusqu'à l'*Escalier* pour redescendre vers *Saint-André,* encaissant la rivière du *Mât,* contient le *piton des Neiges*, le *piton d'Enchein* (ou Anching) (1.351m) et les *mornes de Fourche* (2.276m).

Le *Cirque d'Aurère*, ou *plateau de Mafate,* à l'Ouest de celui de Salazie, renferme : le piton d'*Aurère* (1.433m); le piton des *Chicots* (2.273m) ; le piton de *Cimandef* (2.226m); la crête *Morne de Fourche* (1.612m); le piton *Bénard* (2.607m), et le *Gros-Morne.* Le périmètre occidental s'allonge et se ramifie des deux côtés; l'un, allant jusqu'à la pointe des Galets encaissant la rivière de ce nom; l'autre, se rendant à Saint-Denis, côtoyant de chaque côté la rivière de Saint-Denis.

Le *Cirque de Cilaos,* au Sud des deux précédents, contient : Les *trois Salazes* (2.145m), le *Grand Bénard* (2.885m), le *Piton Petit Bénard* (2.538m) et le *petit Bénard* (2.457m) qui forment le contour occidental du cirque; le sommet de l'*Entre-Deux* (2.356m).

Dans l'*Enclos du Volcan,* nous rencontrons le cratère de l'*Enclos* (2.556m) ; le piton de *Fournaise* (2.625m); le *cratère Brûlant* (2.515m); le *cratère Hubert;* le piton *du Crac* (1.363m).

En dehors du contour de l'Enclos et au Nord, nous trouvons :

Le piton de la *Ravine Glissante;* le piton *Ravine du Piton* (968m); le piton *Lacroix* (634m) ; le piton *Constantin* (849m);

A l'Ouest : le cratère *Chisny* (2.426m); le morne de l'*Angevin* (2.391m);

Au Sud : le piton *Coude l'Angevin* (2.089m); le piton *des Hauts* (2.068m); les cratères *Ramond* (2.097m); etc.

Il serait trop long de citer tous les pitons ou mornes qui sont situés entre les massifs dont nous venons de parler et la mer; contentons-nous donc d'énumérer les principaux :

Sur le territoire de Saint-Denis : le piton de la *Ravine à Jacques*, de *Saint-François*, des *Gaulettes*, et les mornes *Patate à Durand.*

Sur le territoire de Saint-Paul : le piton de la *Ravine à Malheur*, de la *Ravine à Marquez,* et celui des *Hauts de Saint-Gilles.*

Territoire de Saint-Leu : le piton *Rouge,* le piton *Long*, le piton *du Trou,* le piton *Gémarid* et le piton *Lamare.*

Territoire de Saint-Louis : le piton *des Palmistes*, et le piton de la *Ravine des Cafres.*

Territoire de Saint-Pierre : le piton *Ravine Blanche*, *Montvert*, *Dugain*, *Hyacinthe*, *Bleu*, *Villers, Dumesnil* et le *Nez de Bœuf.*

Territoire de Saint-Benoît : les pitons de la *plaine des Cafres*, et de la *plaine des Salazes,* les mornes des *Bras de Liane*, les *Deux-Mamelles*, les mornes de *Saint-François*, le piton *des* 13 *Cantons,* et celui de la *Rivière de l'Est.*

Caps.

Les caps n'existent que dans la partie septentrionale de l'île et sont au nombre de six.

De l'Ouest au Nord et à l'Est :

Le cap *des chameaux,* le cap *noir*, le cap *la Houssaye*, de la *Possession,* le cap *Bernard* et le cap *Fontaine.*

La partie méridionale ne contient que des pointes.

POINTES.

Les pointes sont très nombreuses sur le littoral de cette île. Les principales sont :

1° Entre le cap Noir et le cap La Houssaye, les pointes *des Aigrettes* et de *Boucan-Canot;*

2° Entre le cap La Houssaye et le cap de la Possession, la *pointe des Galets ;*

3° Entre le cap de la Possession et le cap Bernard, la pointe de *la Ravine à Malheur* et celle du *Gouffre.*

4° Entre le cap Bernard et le cap Fontaine, les pointes *des Jardins*, de la *Ravine des Pluies*, *Sainte-Marie*, des *Hasiers*, du *Bel-Air*, du *Bois-Rouge*, de l'*Etang*, du *Champ-Borne,* de la *Ravine Creuse,* de la rivière du *Mât* et de la rivière des *Roches.*

5° En continuant vers le Sud sur la côte orientale, nous trouvons :

Les pointes du *Bourbier,* de la *Ravine Sèche*, des *Orangers*, du Quai *Larose* ou *Sainte-Rose,* des *Benjoins*, du *Piton*, *Lacroix*, des *Cascades*, du *Bois-Blanc*, du *Grand-Brûlé*, du *Tremblet*, de la *Table*, de la *Ravine d'Ango* et de la *Mare d'Arzule.*

6° Sur la côte méridionale en continuant jusqu'au cap des Chameaux : les pointes des *Sables blancs*, de la *Mare longue*, du *Brûlé de Baril*, *Vincendo*, de l'*Angevin*, de *Saint-Joseph*, des *Grands-bois*, de la *Rivière d'Abord*, de la *Ravine-Blanche*, des *Cabris*, de la *Rivière Saint-Etienne*, de l'*Etang salé*, des *Avirons*, du *Portail*, de *Saint-Leu*, du *Cap*, des *Châteaux*, de la *Grande-Ravine*, des *trois Bassins* et des *trois Roches*.

Lacs et Étangs.

Il n'existe pas de lacs dans cette île, mais les étangs sont assez nombreux. Les principaux sont :

Les étangs du *Champ-Borne*, de *Saint-Paul*, l'*Etang Salé*, l'étang du *Gol* et le *Grand-Etang*.

Quelques dépressions des cirques sont également occupées par de petits étangs, tels que : les mares à *Poule d'eau*, à *Citrons*, à *Goyave*, à *Martin*, dans le cirque de Salazie; et la *mare de l'îlet des Etangs* dans le cirque de Cilaos.

Fleuves et Rivières.

Les deux groupes de l'île sont sillonnés de nombreux torrents s'échappant soit des cirques intérieurs, soit des pentes générales formant le flanc des montagnes, et se rendant impétueusement à la mer.

Aucun cours d'eau n'est navigable, excepté la rivière Sainte-Suzanne qui l'est sur une très petite longueur; la plupart se dessèchent dans la belle saison et débitent, pendant la saison des pluies, des masses d'eau considérables en roulant des blocs de granit qui vont former des barres à la rencontre de la mer.

Parmi ces torrents, les plus importants sont :

1° La rivière *du Mât* qui prend sa source dans le cirque de Salazie ;

2° La rivière *des Galets* qui descend de Mafate et qui sert d'écoulement à toutes les eaux de ce cirque ainsi qu'à celles du Gros-Morne et des Mornes de Fourche ;

3° La rivière *Saint-Etienne* qui débite les eaux du cirque Cilaos;

4° La rivière des *Marsouins* qui déverse à la mer toutes les eaux de la plaine des Salazes.

Outre ces grands cours d'eau, le groupe du Piton des Neiges donne naissance à bon nombre d'autres torrents moins importants, tels que :

1° Sur le versant septentrional : les rivières de *Saint-Denis,* des *Pluies,* de *Sainte-Suzanne* et de *Saint-Jean;*

2° Sur le versant oriental : la rivière *des Roches;*

3° Sur le versant méridional : la *ravine du Gol* et la *ravine des Avirons.*

4° Sur le versant occidental : la *Grande Ravine,* la *Ravine des Trois Bassins,* et la *Grande Chaloupe.*

Du groupe du Volcan s'échappent : la rivière *de l'Est,* la *Ravine Basse-Vallée,* la rivière de l'*Angevin,* la rivière des *Remparts,* la rivière de *Manapany* et enfin la rivière d'*Abord.* Il serait trop long d'énumérer tous les petits cours d'eau ou ravines la plupart du temps à sec, qui se trouvent entre ceux que nous venons de citer.

Sources thermales.

L'île de la Réunion possède un assez grand nombre de sources thermales de plusieurs sortes : sulfureuses, bicarbonatées et ferrugineuses.

Les principales sont :

1° La *source minérale de Salazie,* située à 23 k. de Saint-André, et à 872 m. au-dessus du niveau de la mer. La température de l'eau est de 32° et débite 1.000 litres à l'heure. C'est une eau qui contient 1 gr. 078 d'acide carbonique par litre.

Un hôpital militaire y est établi.

2° Les *sources de Cilaos*, situées à 38 k. de l'embouchure de la rivière Saint-Etienne et à 1.114 m. au-dessus du niveau de la mer, dans un site grandiose. Elles sont au nombre de deux principales, l'une froide sur la rive gauche de la rivière, l'autre chaude sur la rive droite. La température de la source chaude est de 38°. Ces sources ont la même composition que celle de Salazie, cependant la source chaude est beaucoup plus chargée en acide carbonique et la froide l'est un peu moins.

Nous devons encore signaler une troisième source qui a la température exceptionnelle de 48° et qui sort de l'extrémité septentrionale du Cirque de Cilaos, par le *Bras-Rouge*, ramification de la rivière Saint-Etienne.

3° La *source minérale de Mafate* située sur la rive droite de la rivière des Galets, à 20 k. de son embouchure et à 682 mètres au-dessus du niveau de la mer. Sa température est de 31°; elle débite 900 litres à l'heure. Sa composition chimique est du sulfure et du chlorure de sodium, du sulfure de fer, du sulfate et du carbonate de soude.

4° D'autres sources incrustantes dans les cirques de Salazie et de Cilaos.

5° Des sources magnésiennes à *Mafate* et à *Cilaos*, qui produisent le goître chez ceux qui font usage de leurs eaux.

GÉOGRAPHIE POLITIQUE ET COMMERCIALE

Division.

L'île n'est généralement habitée que sur son pourtour, au bord de la mer, et ce ruban cultivé n'a guère plus de 10 k. de largeur. Cependant quelques plaines de l'intérieur, situées à des altitudes diverses, ont été occupées ou sont l'objet de tentatives de colonisation.

Les principales sont : la *plaine des Palmistes* dans la partie du Vent, la *plaine des Cafres*, la *Nouvelle*, petit plateau situé près de Mafate dans le cirque d'Aurère ou de la rivière des Galets, la *plaine des Lianes*, dans la partie sous le Vent.

La partie orientale de l'île comprise entre la Ravine de la Grande Chaloupe au Nord-Ouest et la pointe du Tremblet au Sud-Est est celle désignée sous le nom de *Partie du Vent*, le reste formant la *Partie sous le Vent*.

De là deux arrondissements : le premier, l'*Arrondissement de la Partie du Vent* et le deuxième, l'*Arrondissement de la Partie sous le Vent*, qui sont tous deux subdivisés en cantons. Le premier arrondissement contient quatre *cantons*, à savoir :

Les cantons de *Saint-Denis*, de *Sainte-Suzanne*, de *Saint-André* et de *Saint-Benoît*.

Le deuxième arrondissement est divisé en cinq cantons : les cantons de *Saint-Paul*, de

Saint-Leu, de *Saint-Louis*, de *Saint-Pierre*, et de *Saint-Joseph*.

I. — **Arrondissement du Vent.**

1. — Canton de Saint-Denis.

Le canton de Saint-Denis comprend toute la commune de Saint-Denis. C'est-à-dire la ville de Saint-Denis et toute la partie du territoire qui appartient à cette commune :

1° Les *terres des Bas*, partie de la côte comprise entre la Ravine de la Grande Chaloupe et la rivière des Pluies.

2° L'*Ilet à Guillaume* compris entre le bras Guillaume et la Ravine La Fre, tous deux affluents de la rivière Saint-Denis.

3° Le *Brûlé Saint-Denis* à l'Ouest du piton de Saint-François.

4° Le *Bassin du Chaudron* au Nord du piton de Saint-François en suivant la ravine du Chaudron.

5° Le *lit* de la *rivière Saint-Denis*.

6° Le *lit* de la *rivière des Pluies* (partie occidentale).

7° La *plaine des Chicots* sur la pente septentrionale de la crète des Montagnes et du cirque de Salazie.

8° Enfin la *plaine d'Affouche*.

Saint-Denis est le *chef-lieu* de la colonie depuis 1738. Elle est bâtie au Nord de l'île sur les bords de la rivière de ce nom.

Cette ville, chef-lieu de la commune, est le siège du Gouvernement, des administrations civiles, militaires et religieuses. Elle renferme naturellement, en sa qualité de capitale, tous les principaux établissements d'utilité publique, tels que : *casernes, parc d'artillerie, museum d'histoire naturelle, bibliothèque, observatoire, hôpital, jardin botanique, chambre de commerce, chambre d'agriculture,* etc. C'est la résidence d'un *évêque ;* et elle possède *cour d'appel, tribunal de* première instance, *lycée, école normale primaire, séminaire, théâtre, champ de courses,* etc.

Les principaux monuments sont :

L'*hôtel du Gouvernement,* l'*hôtel de ville,* l'*église cathédrale,* la *banque,* le *lycée,* l'*hôpital militaire,* les *casernes,* etc.

L'aspect de la ville est charmant. Ses rues sont généralement régulières et bien alignées; elles sont, sauf les rues marchandes, bordées de murs de clôture et de grilles, entourant des jardins au centre desquels sont construites les habitations particulières.

La rade est la plus fréquentée et l'une des meilleures de l'île. Les navires mouillent également dans la *baie de Butor* à 2 k. de Saint-Denis. Nombreuses stations de plaisance sur les hauteurs : au *Brûlé de Saint-Denis,* à *Saint-François,* au *Bois de Neffles,* à la *Montagne.*

Industrie et commerce. — Cette commune est essentiellement industrielle et commerçante; et renferme des sucreries, des guildiveries, des chaudronneries, etc. C'est le siège de la *Banque de la Réunion,* du *Crédit colonial,* des *assurances,* du *Crédit agricole.*

Population. — 40.000 habitants pour le canton, et environ 31.000 pour la ville.

Superficie. — 15.000 hectares.

2. — Canton de Sainte-Suzanne.

Le canton *de Sainte-Suzanne* comprend deux communes : celle de *Sainte-Marie* et celle de *Sainte-Suzanne*.

La *commune de Sainte-Marie*, habitée déjà en 1671, est bornée à l'Ouest par la rivière des Pluies, à l'Est par la ravine des Chèvres, et au Nord par les montagnes septentrionales du cirque de Salazie. Elle comprend : 1° Les *Terres des Bas ;* 2° la *plaine des Fougères*, au pied des montagnes de Salazie ; *le lit et la rivière des Pluies* (partie orientale). *Sainte-Marie*, chef-lieu de la commune, est un bourg situé sur la rive droite de la rivière Sainte-Marie.

Cette commune, d'une superficie de 2.500 hectares, renferme cinq sucreries.

Population. — 6.000 habitants.

Sainte-Suzanne. — *Sainte-Suzanne*, désignée autrefois sous le nom d'*habitation de l'Assomption*, a été quelque temps le point le plus habité de la colonie ; les gouverneurs y avaient même leur résidence. Cette commune est limitée à l'Ouest par la ravine des Chèvres, à l'Est par la rivière Saint-Jean, et au Nord par les montagnes de Salazie. Le chef-lieu est une jolie petite ville élevée sur la rivière de Sainte-Suzanne. Sur le territoire de cette commune, dont la superficie est de 3.600 hectares, se trouvent quatre sucreries. Le *phare du Bel-Air* domine cette partie de l'île et signale aux marins la roche *La Marianne* et celle *du Cousin*, seuls écueils des côtes de la Réunion. La Marianne se trouve près du phare de Bel-Air, près de la rade *Sainte-Suzanne*.

POPULATION. — 6.500 habitants.

REMARQUE. — Avant d'aller plus loin il est nécessaire de donner la définition du mot district, que nous allons employer dans la description des cantons de Saint-André et de Saint-Benoît. Un *district* en général est une étendue territoriale formant le ressort d'une juridiction judiciaire ou administrative. C'est dans l'île de la Réunion une institution toute particulière nécessitée pour certains territoires par leur distance plus ou moins grande des centres des communes dont ils font partie. Un district est administré complètement en dehors de la commune par une commission composée d'un président, de conseillers et d'un secrétaire.

3. — CANTON DE SAINT-ANDRÉ.

Le canton de Saint-André comprend : 1° la *commune de Saint-André,* et 2° le *district de Salazie.*

1° La *commune de Saint-André* a pour borne Ouest la rivière Saint-Jean, et pour borne Sud la rivière du Mât et le cirque de Salazie. Le *chef-lieu* est bâti loin du bord de la mer et formé de maisons construites tout le long de la route. Il possède un collège communal. Sur la côte de cette commune se trouvent deux rades : au *Champ-Borne* et au *Bois-Rouge*.

Superficie. — 5.600 hectares. Trois sucreries.

Population. — Environ 9.200 habitants.

2° Le *district de Salazie*, 11.000 hectares de superficie, dont le territoire, situé dans l'intérieur des terres, fait partie de la commune de Saint-André. Il est limité au N.-E. par l'*Escalier*, et pour tout le reste par le périmètre du cirque d'où s'écoule la rivière du Mât. Les principaux villages qu'il contient sont : le *village de Salazie*, entre la Mare à Goyave et la Mare à Poule-d'eau, *Hel-Bourg*, au S.-O. de la Mare à Poule-d'eau. Ce territoire ne commença à être habité qu'en 1829, mais ses eaux minérales, dont la première source fut découverte en 1831, lui apportèrent une prospérité et une animation toutes spéciales. Les habitants de toute l'île et même de l'île Maurice y affluent pendant la saison. Aujourd'hui on y compte près de 7.000 habitants. Hôpital militaire. Admirables points de vue.

4. — Canton de Saint-Benoît.

Ce canton renferme : les *communes de Saint-Benoît*, de *Bras-Panon* et de *Sainte-Rose*, et le *district* de la *Plaine des Palmistes*.

Saint-Benoît. — Saint-Benoît, une des plus grandes communes de l'île, est bornée au Nord par la rivière des Roches et le cirque de Salazie, et au S.-E. par la rivière de l'Est. Sa superficie est de 36.000 hectares.

Elle contient : 1° sur le littoral, les *Terres des Bas*, *Saint-Benoît*, *Bethléem* et *Sainte-Anne ;*

2° les *Pentes des treize cantons ;* 3° au N.-O. de la Rivière de l'Est l'*Ilet à Patience*, à l'extrémité septentrionale de la Ravine à Patience, qui n'est elle-même qu'un affluent de la Ravine Sèche ; 4° le *Grand Etang*, entre la rivière des Marsouins et la Ravine Sèche ; 5° le *Piton des Neiges* et la *Plaine des Salazes* qui s'étend sur la pente orientale de la crête comprise entre le Piton des Neiges et le sommet de l'Entre-Deux ; 6° la *Plaine de Belous* ou *Belouve*, auprès des sources de la rivière du Mât ; et enfin 7° les *Pentes du Mazerin*, à l'Est de la *Plaine des Belous.*

Saint-Benoît est située sur la rivière des Marsouins.

Les monuments remarquables de cette localité sont : l'église, une des plus jolies de l'île, et la caserne. Elle possède un collège communal. Sur la rive gauche de la rivière des Marsouins est élevée une petite pyramide en l'honneur de *M. Montfleury Hubert.* C'est lui qui a fait faire à ses frais le beau pont qui joint les deux rives de la rivière des Marsouins. C'est pour perpétuer le souvenir de cet acte de générosité en faveur de ses concitoyens qu'on a placé sur la culée du pont cette petite *pyramide* à laquelle on pourrait donner le nom d'*obélisque.* A Saint-Benoît se trouve la *Rade du Bourbier.* La population de la commune est d'environ 10.500 habitants.

Bras-Panon. — Cette section de Saint-Benoît, érigée en commune depuis 1882, est la partie comprise entre la rivière du Mât et celle des Roches, bornée à l'Ouest par un côté du cirque de Salazie. Sa population est de 2.585 habitants.

Sainte-Rose. — La *commune de Sainte-Rose* est limitée au Nord-Ouest par la rivière de l'Est, et au Sud vers le milieu du Grand-Brûlé. Elle renferme donc : les *Terres des Bas* sur le littoral; la moitié *du Grand-Brûlé*, le *Pas de Bellecombe*, situé au N.-E. du Morne de l'Angevin et au Sud-E. de la rivière de l'Est; et la *Plaine des Osmondes* au N. du Piton du Crac. Sa superficie est de 18.000 hectares et sa population d'environ 3.500 habitants. Sur le bord de la mer est un monument élevé par les Anglais à la mémoire du *capitaine Corbet*, qui fut battu et tué dans un combat naval contre le *capitaine de frégate Bouvet*. *Sainte-Rose* possède une rade.

Nous avons dit que le milieu du Grand-Brûlé servait de limite Sud à la commune de Sainte-Rose et par conséquent de limite Nord à la commune Saint-Philippe ; or, il a plus de sept kilomètres de large, et les communes de Sainte-Rose et Saint-Philippe ayant géographiquement une même limite, n'en sont pas moins séparées par un vaste espace livré aux feux du volcan, et par les escarpements de l'*Enclos*, dont l'un du côté de Sainte-Rose est nommé *Rempart du Bois-Blanc*, et l'autre du côté de Saint-Philippe *Rempart du Tremblet*.

La Plaine des Palmistes. — La *Plaine des Palmistes*, qui forme dans la commune de Saint-Benoît un district comme celui de Salazie dans celle de Saint-André, est bornée au N.-E. par la montée Letort; au S.-O. par le rempart de la Grande-Montée ; au N.-O. par le rempart des Songes, et au Sud-Est par les pentes des Tabacs et de Saint-François. Le village principal est *Sainte-Agathe.*

La surface du district est de 2.500 hectares; sa population d'environ 1.600 habitants.

La *Plaine des Palmistes*, située à une altitude de 1.200 mètres, possède l'un des climats les plus réparateurs de l'île.

II. — Arrondissement Sous-le-Vent.

1. — Canton de Saint-Paul.

Le *canton de Saint-Paul* comprend seulement la commune de Saint-Paul, qui est limitée au Nord par la ravine de la Grande-Chaloupe, au Sud par celle des Trois-Bassins et à l'Est par le côté occidental du périmètre du cirque de Salazie et par celui du cirque de Cilaos qui se joint au précédent par le Gros-Morne, et enfin au S.-E. par les montagnes Bénard.

Il comprend donc : les *Terres des Bas* et la Possession sur le littoral, le *Brûlé de Saint-Paul*, le *bassin de la rivière des Galets*, le *plateau de Mafate* dans lequel se trouve une source sulfureuse, et celui de *La Nouvelle*. Sa superficie est de 35.500 hectares et sa population d'environ 29.000 habitants.

La ville, berceau de notre colonie, considérée comme la deuxième de l'île, est située au bord d'une baie magnifique et généralement calme qui forme une belle rade. Un collège communal, de remarquables casernes, un marché bien construit, une fontaine à eau courante, tout cela joint aux jolies rues et promenades forme les beautés de la ville. L'église y est vaste, mais d'une architecture ordinaire. Elle possède un hôpital, une grande geôle et un beau pont en fer pour le débarquement des passagers.

A quelque distance de Saint-Paul, dans la baie de Saint-Gilles, existe une jolie petite ville du nom de *Saint-Gilles*, où la population de Saint-Paul va passer la saison chaude. C'est une station balnéaire très fréquentée.

La Possession dépend aussi de la commune de Saint-Paul, mais il y a un adjoint spécial qui administre le hameau. Ce village, où abordèrent les Français en 1643, n'est qu'un lieu de transit qui sert de point de débarquement aux nombreux voyageurs qui vont de Saint-Denis à Saint-Paul.

Ce canton renferme onze sucreries.

2. — Canton de Saint-Leu.

Le *canton de Saint-Leu* ne contient que la commune de Saint-Leu, dont le territoire est limité au N. par la ravine des Trois-Bassins, au Sud par celle des Avirons et à l'Est par les monts Bénard ; il comprend les *Terres des Bas* et le *Plateau du Bénard*. Sa superficie est de 20.000 hectares, et sa population d'environ 9.000 habitants. Le bourg est dans une vallée dont le panorama est des plus pittoresques ; malheureusement le peu de hauteur au-dessus du niveau de la mer, du banc de sable sur lequel il est construit, le rend très humide dans les temps de pluie, d'ailleurs fort rares. Cinq sucreries sont établies dans ce canton.

3. — Canton de Saint-Louis.

Le *canton de Saint-Louis* ne comprend que la commune de Saint-Louis et le cirque de Cilaos. Il est limité au Nord-Ouest par la ravine des Avirons, au Sud-Est par la rivière Saint-Etienne et au Nord par le périmètre du cirque de Cilaos. Il comprend donc les *Terres des Bas* sur le littoral, la *plaine des Merles* et celle *des Makés*, enfin le *plateau de Cilaos.* Sa superficie est de 21.400 hectares et sa population d'environ 18.000 habitants. Il possède quatre sucreries.

Dans la commune de Saint-Louis se trouve un petit hameau digne d'être signalé ; il est habité par des pêcheurs et appelé Etang salé.

Saint-Louis est un bourg charmant au travers duquel passe un canal. Il n'a aucun monument remarquable, sauf sa belle école des Frères et son Eglise.

Le cirque de Cilaos, qui contient une nombreuse population et où l'on trouve la plus belle source thermale de la colonie, est une section de la commune de Saint-Louis, comme la Possession est une section de celle de Saint-Paul ; elle a un adjoint spécial pour tenir les actes de l'état civil. Nous ne pouvons quitter cette commune sans mentionner le *château du Gol,* situé au milieu d'une vaste plaine sur les marécages de l'Etang du même nom, près de Saint-Louis.

4. — Canton de Saint-Pierre.

Le *canton de Saint-Pierre* est formé de la commune de Saint-Pierre et celle de l'Entre-Deux. Il a pour bornes : à l'Ouest, la rivière Saint-Etienne; à l'Est, la rivière de Manapany ; et, au Nord, le sommet de l'Entre-Deux et la Plaine des Cafres. Sa superficie est de 36.500 hectares et sa population de 31.000 habitants.

La *commune de Saint-Pierre* comprend à son tour les Terres des Bas sur le littoral, le lit *du bras de la Plaine* et la *Plaine des Cafres.* C'est la commune la plus riche de l'île; elle possède dix sucreries. Le chef-lieu, *Saint-Pierre,* très jolie ville tracée en amphithéâtre avec des rues bien alignées et abondamment arrosées par les eaux du canal Saint-Etienne. Un port, qui peut contenir une quarantaine de navires, permet aux navigateurs de se mettre à l'abri des fureurs du vent. Elle possède un *tribunal de première instance*, un hôtel de ville et un marché remarquables, une école secondaire libre subventionnée par la ville. Sa population est de 24.600 habitants.

La *plaine des Cafres*, peu habitée, sert à l'élève des bestiaux.

L'*Entre-Deux*, érigé en commune depuis 1882, est enserré entre la rivière Saint-Etienne, la partie orientale du cirque de Cilaos et le bras de la Plaine. Elle contient environ 3.500 habitants. On y remarque une asssez jolie chapelle.

5. — Canton de Saint-Joseph.

Le canton de Saint-Joseph comprend les communes de Saint-Joseph et de Saint-Philippe.

1° *Commune de Saint-Joseph.* — Elle est bornée à l'Ouest par la rivière de Manapany ; à l'Est par celle de la Basse-Vallée ; au Nord par la commune de Saint-Benoît. Elle est composée des *Terres des Bas* sur le littoral, des hauts de *la ravine Panon*, de la *Plaine des Remparts* et de la *Plaine des Sables.* Sa superficie est de 19.000 hectares et sa population d'environ 9.500 habitants. Elle contient trois sucreries.

Saint-Joseph, chef-lieu de cette commune, est bâti sur la rivière des Remparts.

2° *Commune de Saint-Philippe.* — La commune de Saint-Philippe est bornée au Nord par le milieu de Grand-Brûlé, mais on considère plutôt le contre-fort de l'enclos comme limite septentrionale de cette commune. Souvent visitée par les feux des volcans, elle est dépourvue d'eau, et on a été obligé d'y faire un certain nombre de puits, entre autres les *Puits de Baril*, pour obvier à cet inconvénient. C'est la plus petite et la plus pauvre commune de l'île. Sa superficie est de 15.400 hectares, parmi lesquels on compte la superficie d'un certain nombre de cratères, comme les cratères Ramond, des Citrons-Galets, etc., et la moitié du Grand-Brûlé ; c'est-à-dire un grand nombre de terrains incultivables. Elle possède une sucrerie et environ 2.500 habitants.

PRODUCTIONS DU SOL DE L'ILE.

Productions minérales. — On recueille du sel à Saint-Louis et l'on tire du natron des bords de l'étang de Saint-Paul.

Productions végétales. — Le sol de l'île, sillonné en tous sens de profondes déchirures, est très fertile et convient beaucoup à la culture de la canne à sucre, du maïs, du manioc, du café, des muscades, du cacao, de la vanille, de la cannelle, des patates et du tabac.

On y rencontre le ricin, le badamier, le lin.

La plupart des fruits d'Europe et des tropiques se trouvent dans l'île : ananas, banane, datte, citrouille, figue, fraise, framboise, melon, orange, pêche, raisin, etc.

La *flore de la Réunion* est riche en espèces médicinales : le bois; noir le boabab ; le pignon d'Inde, purgatif violent ; le goyavier à l'écorce astringente ; le tamarin dont l'écorce est aussi astringente, etc., etc.

Les bois sont variés : le bambou, takamahaca rouge, l'ébène, le bois jaune, le bois de fer, le thuya oriental, le natte, le tamarin des hauts.

On y trouve de l'orseil, la gomme copal, la résine, le caoutchouc.

On cultive avec succès le quinquina au village de Salazie et à l'îlet à Guillaume.

Productions animales. — La nourriture des bestiaux est mauvaise et difficile à se procurer hors le temps de la coupe des cannes ; c'est pourquoi la colonie n'entretient que le nombre nécessaire pour les transports des cannes au moulin et des sucres au dépôt.

Parmi les oiseaux de la colonie, on distingue le martin et le gobe-mouches qui rendent de grands services à l'île en détruisant les insectes.

Industrie.

La principale industrie de la Réunion est la

fabrication des sucres ; la colonie compte une soixantaine de sucreries.

La plupart des autres industries ont un rapport plus ou moins direct avec celle du sucre ; les plus importantes sont : la guidilverie, qui convertit les mélasses en rhum ; la chaudronnerie, etc.

On fabrique un grand nombre de sacs de vacoua pour l'emballage des sucres et du café.

Commerce.

Routes. — Une *route de ceinture* borde la mer et entoure la Colonie, mettant en communication toutes les communes entre elles ; une *autre grande route* part de Saint-Pierre, traverse toute l'île sous le nom de chemin de la Plaine, passant par les plaines des Cafres et des Palmistes pour aboutir à Saint-Benoît.

Chemin de fer. — Un *chemin de fer* part de Saint-Benoît, longeant le littoral, passant par Saint-André, Sainte-Suzanne, Sainte-Marie, Saint-Denis, la Possession, Saint-Paul, Saint-Gilles, Saint-Leu, Saint-Louis, et venant aboutir à Saint-Pierre.

Canaux. — Le principal canal est celui de Saint-Etienne qui irrigue une grande partie du territoire de Saint-Pierre.

Exportations. — Les principaux articles exportés de la Réunion en France sont : le sucre brut, la vanille, le café.

Le sucre à lui seul forme les 6/7 de l'exportation.

Importations. — Les principaux articles importés sont le riz venant de l'Inde et de Madagascar, les blés, les farines, l'avoine venant de l'Inde et de France, les légumes secs, les vins, liqueurs, eaux-de vie, vinaigres, beurre salé et fromages, lard salé, saindoux, sardines, morues, huiles d'olives, mercerie, tissus, habillements confectionnés, savons ordinaires et bougies, outils, papier, poterie, chaux, ciment, tuiles, briques, médicaments, toiles de lin ou de chanvre, chapeaux de paille et de feutre, parfumerie, cordages, orfèvreries, etc., venant de France ; bœuf salé de Madagascar, etc.

L'île de la Réunion est en communication directe avec la France par les *Messageries maritimes* dont les paquebots vont de *Marseille* à *Nouméa*, en passant par la *Réunion*, mettant 28 jours entre chaque départ. La traversée, aller ou retour, est de 25 à 26 jours.

Agriculture.

Les terres cultivées de la Réunion s'élèvent en un plan incliné, sur la pente des montagnes, depuis le littoral jusqu'au tiers environ des hauteurs, et forment autour de l'île une lisière de 5 à 6 kilomètres de largeur, qui est interrompue seulement au S.-E. par le Grand-Brûlé et au N.-O. par les montagnes qui s'étendent du cap Bernard à Saint-Denis jusqu'à la Possession. Dans l'intérieur de l'île il existe plusieurs plaines, telles que la plaine des Cafres et celle des Palmistes où l'on cultive des vivres pour les indigènes.

Les terres cultivées se composent principalement de champs de cannes, de maïs, de manioc, de café, de tabac, de girofle, de vanille et de cacao. La même habitation réunit presque toujours plusieurs exploitations agricoles et même quelquefois toutes.

Chambre d'agriculture. — Une *Chambre d'agriculture* a été créée par arrêté du 3 septembre 1877. Elle est composée de 24 membres choisis parmi les principaux de la Colonie qui se réunissent pour traiter ensemble des affaires agricoles de leur compétence, pour discuter les moyens de produire en plus grande quantité et meilleure qualité, pour encourager ces braves travailleurs des champs qui pourvoient au premier élément essentiel et indispensable à l'existence humaine.

Chambre de commerce. — Une *Chambre de commerce* a été instituée par arrêté du 28 Mars 1871 pour veiller aux intérêts du commerce et de l'industrie de la Colonie. Elle est composée de 12 membres.

La Colonie possède en outre un Muséum d'histoire naturelle, un jardin colonial, une bibliothèque et une station agronomique.

Administrations.

Le *Gouvernement local* se compose : 1° d'un *Gouverneur*, sous l'autorité directe du Ministre de la Marine et des Colonies.

2° D'un Directeur de l'intérieur dont les attributions sont à peu près celles du préfet en France.

3° D'un *Ordonnateur*, appelé aujourd'hui *chef du service administratif*, chargé des services qui dépendent directement du budget de l'État. Il a la surveillance de la comptabilité générale, et remplace le Gouverneur en cas d'absence.

4° D'un *Procureur général* et de deux *Conseillers*, nommés par les notables de la Colonie.

Ils se réunissent en conseil privé pour discuter les affaires de la Colonie.

L'*Évêque* fait, de droit, partie du conseil privé toutes les fois qu'il s'y agite des affaires relatives au culte.

Conseil général. — Un *Conseil général*, composé de 36 membres, se réunit une fois chaque année sur la convocation du Gouverneur. La durée de la session ne peut être de plus d'un mois. Toutefois, le Gouverneur peut la prolonger en cas de nécessité.

Le Conseil général a des attributions très étendues.

La Colonie de la Réunion est représentée dans les *chambres hautes de la Métropole* par un *Sénateur* et deux *Deputés*.

Un *Évêque*, suffragant de l'*Archevêché de Bordeaux*, réside à Saint-Denis.

Justice.

La *justice* est un pouvoir institué pour faire respecter les lois. A la Réunion, différents degrés de juridiction s'y trouvent institués, ainsi qu'il suit :

1° Une *Cour d'appel* à Saint-Denis.

2° Deux *Tribunaux de 1re instance :* le premier à Saint-Denis, pour l'arrondissement du Vent ; le second à Saint-Pierre, pour l'autre arrondissement.

3° Une *Justice de paix* par canton.

Dans les *districts* et les *communes* qui ne sont pas chef-lieu de canton, les maires et les présidences d'agences municipales tiennent les audiences en matière disciplinaire.

Les *Cours d'appel* ont été instituées pour statuer sur les appels des jugements des tribunaux de 1re instance et de commerce.

Les *Tribunaux de 1re instance* pour toutes les affaires civiles et correctionnelles.

Le *Juge de paix* est un magistrat spécialement chargé de maintenir la bonne harmonie, soit en essayant de concilier les parties qui sont sur le point de comparaître devant les tribunaux civils, soit en décidant sommairement, sans frais, les affaires de peu d'importance.

Les juges de paix président les tribunaux de simple police. Ils président les *conseils de famille*, apposent les *scellés* après décès et dans d'autres cas prévus par la loi.

Télégraphe. — Une ligne télégraphique relie entre eux les différents chefs-lieux des communes. De Saint-Denis, centre de la ligne, elle part dans deux directions opposées, contournant presqu'entièrement l'île.

La première va à Saint-Benoît, passant par Sainte-Marie, Sainte-Suzanne et Saint-André.

La seconde va à Saint-Pierre, passant par la

Possession, la Pointe des Galets, Saint-Paul, Saint-Leu, Saint-Denis et Saint-Pierre.

Un bureau se trouve dans chacune de ces localités.

Journaux et *Publications périodiques.* — La Colonie de la Réunion est privilégiée sous le rapport du nombre des *journaux* et des *publications* périodiques.

Neuf paraissent à Saint-Denis, ce sont :

Le *Journal officiel* de la Colonie ;

Le *Moniteur de la Réunion ;*

Le *Journal du Commerce ;*

La *Malle ;*

Le *Nouveau Salazien ;*

Le *Bulletin Commercial* du Journal du Commerce ;

La *Revue Commerciale ;*

L'*Enfant terrible ;*

Le *Créole.*

Deux à Saint-Pierre, ce sont :

Le *Courrier de Saint-Pierre ;*

Le *Port de Saint-Pierre.*

Climatologie.

L'île de la Réunion, quoique placée sous la zone torride, a un climat délicieux et passait pour le plus sain de l'univers. Son beau ciel, son air pur, la douceur de son climat, l'abondance de ses eaux, la fraîcheur de ses brises, tout concourt à faire de cette île un séjour agréable.

Le maximum de la température ne dépasse pas 30° centigrades, et le minimum 12° sur le littoral. Dans la partie sous le vent on jouit pendant toute l'année d'une température plus modérée et plus chaude. Cependant il faut tenir compte de l'altitude des différents lieux, avec laquelle varie la température. Elle atteint 0° dans les hautes régions.

Deux saisons bien distinctes partagent l'année à la Réunion : 1° La saison chaude ou hivernage, de novembre à mai ; 2° la belle saison ou hiver, de mai à novembre.

La première, appelée hivernage, est la saison des pluies et des ouragans, tandis que la seconde, pendant laquelle souffle l'alizé du S.-E., est ordinairement sèche. (C'est le contraire au Sénégal.)

L'île de la Réunion éprouve quelquefois des ouragans ou des cyclones, funestes à ses cultures et aux navires qui se trouvent sur ses côtes. Ils doivent être considérés comme le plus grand fléau qu'ait à redouter la Colonie. Lorsque le centre de ces tourbillons passe sur l'île ou dans son voisinage, la violence du vent et la masse d'eau qui tombe sur le sol déterminent les plus grands dégâts.

C'est en janvier, février et mars qu'ils passent le plus souvent sur la Réunion.

Pendant la belle saison, on observe le phénomène très remarquable des ras de marée. Ses côtes sont exposées à ces violents phénomènes dont la durée est ordinairement de 24 heures.

Les tremblements de terre sont rares.

Il ne règne aucune maladie épidémique dans le pays. L'acclimatation y est facile et assurée pour l'Européen.

SUCRE. EXPORTATIONS.

Afin de donner aux jeunes gens des écoles de la Métropole une idée de l'incroyable et phénoménale production du sol de l'île en sucre, je termine par un petit tableau donnant uniquement les chiffres des quantités de sucre exporté de la Réunion, faisant abstraction complète de celui qui est absorbé dans l'île. Ils pourront constater en même temps la diminution du chiffre d'exportation depuis vingt ans environ ; cette diminution est amenée par une maladie appelée *Borer* qui a envahi les plantations de canne à sucre, comme le phylloxera a envahi nos vignes.

Exportations de sucre de 1860 *à* 1880.

ANNÉES	QUANTITÉS en KILOGRAMMES	ANNÉES	QUANTITÉS en KILOGRAMMES
1860	68.469.081	1871	24.401.395
1861	61.961.697	1872	39.084.997
1862	61.564.111	1873	25.644.520
1863	47.800.763	1874	38.944.128
1864	40.190.289	1875	32.176.185
1865	44.876.958	1876	35.449.650
1866	48.401.053	1877	34.212.957
1867	36.000.440	1878	40.380.000
1868	39.732.507	1879	24.640.265
1869	40.712.075	1880	20.815.321
1870	20.216.827		

TABLE DES MATIÈRES

PREMIÈRE PARTIE

Notions générales.

DEUXIÈME PARTIE

Géographie générale de l'Afrique.

GÉOGRAPHIE PHYSIQUE

GÉOGRAPHIE POLITIQUE ET COMMERCIALE

Région du Nord.

Région de l'Est.

Région de l'Ouest.

Région du Sud.

Région de l'Intérieur.

TROISIÈME PARTIE

Madagascar.

GÉOGRAPHIE PHYSIQUE

GÉOGRAPHIE POLITIQUE ET COMMERCIALE

Sainte-Marie de Madagascar.

Mayotte.

QUATRIÈME PARTIE

Ile de la Réunion.

GÉOGRAPHIE PHYSIQUE

GÉOGRAPHIE POLITIQUE ET COMMERCIALE

CARTES

Bar-le-Duc. — Typ. L. Philipona et Cie. — 1086

www.ingramcontent.com/pod-product-compliance
Ingram Content Group UK Ltd.
Pitfield, Milton Keynes, MK11 3LW, UK
UKHW020316250726
13967UKWH00004B/1754

9 782012 927322